OEUVRES

MATHÉMATIQUES

DE CARNOT.

CARNOT.

Membre du Directoire Exécutif.

OEUVRES
MATHÉMATIQUES

DU

CITOYEN CARNOT,

Membre du Directoire exécutif de la République
française et de l'Institut National, ancien
Capitaine au corps royal du Génie.

Avec le portrait de l'auteur, et une planche.

A BASLE

chez J. DECKER, Imprimeur-Libraire,

1797.

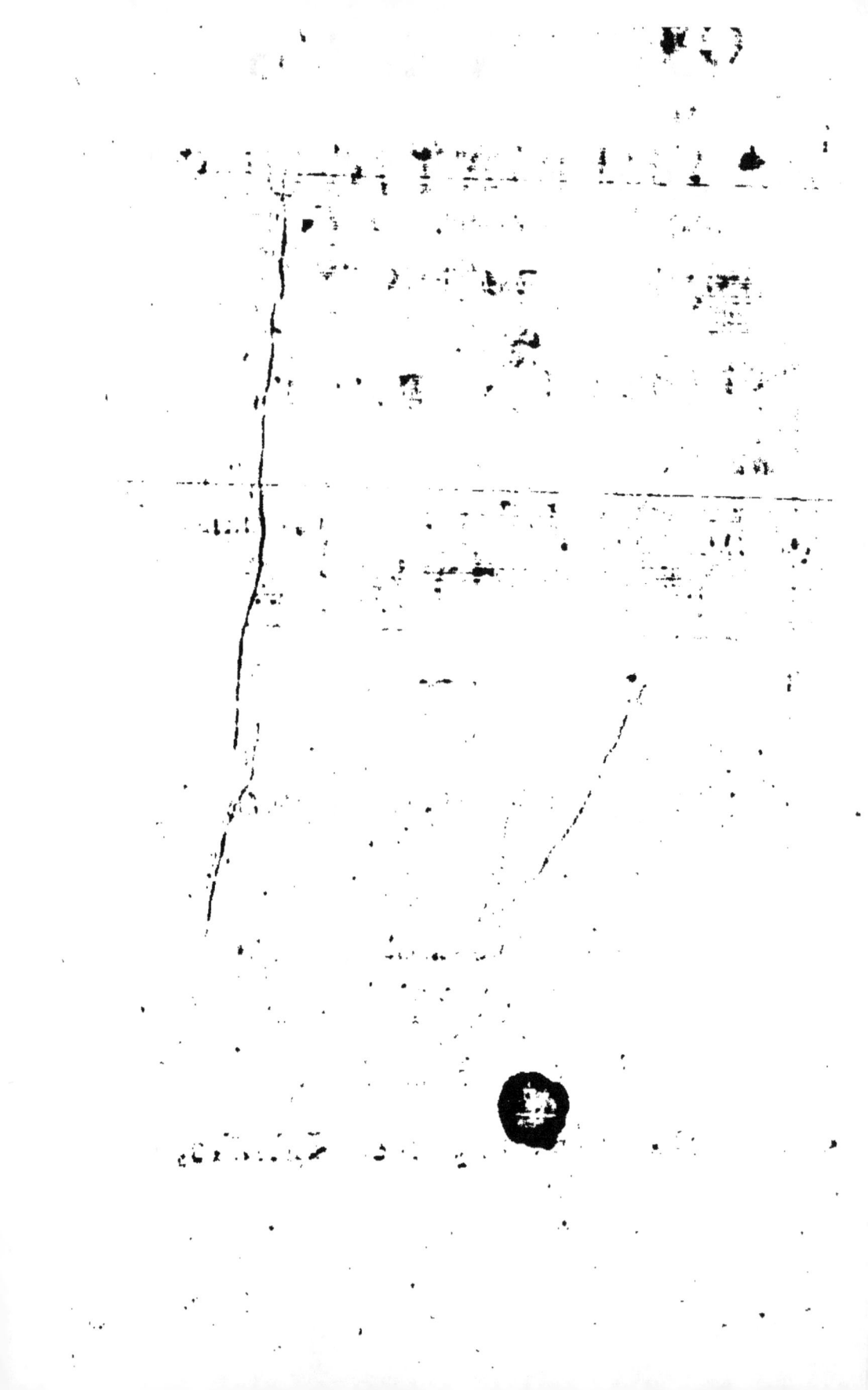

ESSAI

sur

LES MACHINES

EN GÉNÉRAL,

PRÉFACE.

Quoique la théorie dont il s'agit ici, soit applicable à toutes les questions qui concernent la communication des mouvemens, on a donné à cet opuscule le titre *d'Essai sur les machines en général;* premièrement, parce que ce sont principalement les machines qu'on y a en vue , comme étant l'objet le plus important de la mécanique ; et en second lieu, parce qu'il n'y est question d'aucune machine particulière , mais seulement des propriétés qui sont communes à toutes.

Cette théorie est fondée sur trois définitions principales ; la première regarde certains mouvemens que j'appelle *géométriques* , parce qu'ils peuvent se déterminer par les seuls principes de la viij

géométrie, et sont absolument indépendans des regles de la Dynamique ; je n'ai pas cru qu'on pût aisément s'en passer, sans laisser du louche dans l'énoncé des principales propositions , comme je le fais voir en particulier pour le principe de *Descartes*.

Par la seconde de mes définitions, je tâche de fixer la signification des termes *force sollicitante* et *force résistante* : on ne peut, ce me semble, comparer clairement les causes avec les effets dans les machines, sans une distinction bien caractérisée entre ces différentes forces; et c'est cette distinction sur laquelle il me paroît qu'on a toujours laissé quelque chose de vague et d'indéterminé.

Enfin , ma troisième définition, est celle par laquelle je donne le nom de *moment d'activité* d'une puissance, à une quantité dans laquelle il s'agit d'une puissance qui est réellement en activité ou en mouvement , et où l'on tient compte aussi de chacun des instants employés par cette force, c'est-à-dire , du temps pendant lequel elle agit. Quoi qu'il en soit , on ne peut disconvenir que cette quantité, sous quelque dénomination qu'on veuille la désigner , ne se rencontre continuellement dans l'analyse des machines en mouvement.

A l'aide de ces définitions, je parviens à des propositions qui sont très-simples; je les déduis toutes d'une même équation fondamentale, qui, renfermant une certaine quantité indéterminée à laquelle on peut attribuer différentes valeurs arbitraires, donnera successivement, dans chaque cas particulier, toutes les équations déterminées dont on a besoin pour la solution du problême.

Cette équation qui est de la plus grande simplicité, s'étend généralement à tous les cas imaginables d'équilibre et de

mouvement, soit que ce mouvement change brusquement, ou varie par degrés insensibles ; elle s'applique même à tous
les corps , soit durs , soit doués d'un
degré quelconque d'élasticité ; et, si je
ne me trompe, elle suffit seule et indépendamment de tout autre principe mécanique , pour résoudre tous les cas
particuliers qui peuvent se rencontrer.

Je tire facilement de cette équation
un principe général d'équilibre et de
mouvement dans les machines proprement dites , et de celui-ci dérivent naturellement d'autres principes plus ou
moins généraux , dont plusieurs sont
déjà connus et très-célèbres , mais qui
ont été jusqu'ici (du moins pour la plupart) ou peu exactement, ou vaguement
ment expliqués, plutôt que rigoureusement démontrés.

Sans sortir des principes généraux ,
j'ai réuni dans un scholie , et le plus

clairement qu'il m'a été possible, les remarques les plus utiles à la pratique,
et qui m'ont paru mériter par leur importance un développement particulier;
tout le monde répète que dans les machines en mouvement on perd toujours
en temps ou en vitesse ce qu'on gagne
en force ; mais après la lecture des meil-
leurs élémens de mécanique, qui semblent être la vraie place où doivent se
trouver la preuve et l'explication de ce
principe, son étendue et même sa vraie
signification sont-elles faciles à saisir ?
Sa généralité a-t-elle , pour la plupart
des lecteurs, cette évidence irrésistible
qui doit caractériser les vérités mathématiques? S'ils éprouvoient cette con-
viction frappante, ne verroit-on pas des
mécaniciens instruits de ces ouvrages,
renoncer incessamment à leurs projets
chimériques? Ne cesseroient-ils pas de
croire ou de soupçonner du moins,

malgré tout ce qu'on leur dit, qu'il y a dans les machines quelque chose de magique? Les preuves qu'on leur donne du contraire ne s'étendent qu'aux machines simples; aussi ne croient-ils pas celles-ci capables d'un grand effet; mais on ne leur fait pas voir qu'il doit en être de même dans tous les cas imaginables; on ne parle que de celui où il y a seulement deux forces dans le système, et l'on se contente d'une analogie : voilà pourquoi ces mécaniciens esperent toujours que leur sagacité leur fera découvrir quelque ressource inconnue, quelque machine qui ne soit pas comprise dans les regles ordinaires; ils se croient d'autant plus surs de la rencontrer, qu'ils s'éloignent davantage de tout ce qui paroît avoir de la relation avec les machines usitées, parce qu'ils s'imaginent que la théorie établie pour celles-ci, ne peut s'étendre à des constructions qui leur semblent n'y avoir aucun rapport; c'est en vain qu'on leur dit que toute machine se réduit au levier : cette assertion est trop vague et trop tirée, pour qu'on s'y rende sans un examen profond; ils ne peuvent se persuader que des machines qui paroissent n'avoir rien de commun avec celles qu'on nomme simples, soient sujettes à la même loi, ni qu'on puisse prononcer sur l'inutilité d'un secret dont ils n'ont fait confidence à personne: de là vient que les idées les plus bizarres, les plus éloignées de la simplicité si avantageuse aux machines, sont celles qui leur fournissent le plus d'espoir.

Le moyen de déraciner cette erreur, est sans doute de l'attaquer dans sa source même, en montrant que non-seulement dans toutes les machines connues, mais encore dans toutes les machines possibles,

c'est une loi inévitable, qu'*on perd toujours en temps ou en vitesse ce qu'on gagne en force*; et d'expliquer clairement
ce que signifie cette loi ; mais il faut,
pour cela, s'élever à la plus grande généralité possible, ne s'arrêter à aucune
machine particulière, ne s'appuyer sur
aucune analogie; il faut enfin une démonstration générale, déduite immédiatement et géométriquement des premiers
axiomes de la mécanique: c'est ce qu'on
a tâché de faire dans cet essai; on a
beaucoup insisté sur ce point fondamental, et je ne sais si l'on aura réussi à le
mettre dans un assez grand jour; mais
en attaquant l'erreur, on s'est efforcé
d'y substituer la vérité; on a montré
quel est le véritable but des machines:
s'il n'est pas raisonnable d'en attendre
des prodiges hors de toute vraisem-
blance, on verra qu'il leur reste encore

assez d'objet d'utilité , pour exercer la plus brillante imagination.

Les réflexions que je propose sur cette loi , me conduisent à dire un mot du mouvement perpétuel , et je fais voir non-seulement que toute machine aban-donnée, à elle-même doit s'arrêter, mais j'assigne l'instant même où cela doit arriver.

On trouvera encore parmi ces réflexions une des plus intéressantes propriétés des machines, qui, je crois, n'a pas encore été remarquée ; c'est que pour leur faire produire le plus grand effet possible, il faut nécessairement qu'il n'arrive aucune percussion, c'est-à-dire, que le mouvement doit toujours changer par degrés insensibles; ce qui donne lieu , entre autres choses , à quelques remarques sur les machines hydrauliques.

Enfin, je termine cet écrit par quelques réflexions sur les loix fondamentales de la communication des mouvemens, qui, si elles ne sont pas du goût de tout le monde, sont du moins assez courtes pour ne fatiguer personne.

Mais, je le répéte, cet essai n'a pour objet que les machines en général; chacune d'elles a ses propriétés particulières : il ne s'agit ici que de celles qui sont communes à toutes ; ces propriétés, quoique assez nombreuses, sont en quelque sorte toutes comprises dans une même loi fort simple: c'est cette loi qu'on s'est proposé de rechercher, de démontrer et de développer, en envisageant toujours les machines sous le point de vue le plus général et le plus direct.

———————

ESSAI

ESSAI
SUR LES MACHINES
EN GÉNÉRAL.

INTRODUCTION.

I.

NOUS ne manquons pas d'excellents traités sur les machines: les propriétés particulières à celles dont l'usage est fréquent, à celles sur-tout qu'on est convenu d'appeler simples, ont été recherchées et approfondies avec toute la sagacité possible; mais il me semble qu'on ne s'est pas encore beaucoup attaché à développer celles de ces propriétés qui sont communes à toutes les machines, et qui, par cette raison, ne conviennent pas plus aux cordes qu'au levier, à la vis, ou à toute autre machine, soit simple, soit composée.

Ce n'est pas cependant que les géomètres aient négligé de s'élever aux principes généraux d'équilibre et de mouvement; mais ce n'est pour ainsi dire qu'en passant qu'ils ont parlé de leur application à la théorie des machines proprement dites :

et peut-être aussi n'y a-t-il encore aucun de
ces principes qui joigne à une démonstration
rigoureuse une assez grande généralité, pour pouvoir suffire seul et indépendamment de tout autre,
à la solution des différentes questions qu'on peut
proposer tant sur l'équilibre que sur le mouvement des machines, c'est-à-dire, pour réduire
toutes les questions à une affaire de calcul et de
géométrie; ce qui est le véritable objet de la
mécanique.

I I.

Parmi les principes plus ou moins généraux
qui ont été jusqu'ici proposés, nous en rappel-
lerons seulement deux très-célébres, et sur lesquels nous aurons quelques observations à faire.

Le premier est celui qui assigne pour loi générale de l'équilibre dans les machines à poids, que
le centre de gravité du système est alors au point
le plus bas possible; mais quoique cet ancien
principe soit fort simple et fort général, il ne
paroît pas qu'on lui ait donné toute l'attention
qu'il mérite: c'est sans doute, 1°. parce qu'il est
sujet à quelques expressions, comme tous ceux
où il s'agit de *maximum* et de *minimum*; 2°. parce
qu'il n'a rapport qu'à une espèce particulière de
force, qui est la pesanteur; 3°. enfin parce qu'il
paroît difficile d'en donner une démonstration
générale et rigoureuse. Mais, 1°. nous allons faire

voir qu'en changeant un peu l'énoncé de ce principe, on en peut faire une proposition très-exacte, très-géométrique et vraie, sans exception ; 2°. quoiqu'il n'ait rapport qu'à la pesanteur, cependant il est facile de l'appliquer à tous les cas imaginables : il n'y a pour cela qu'à substituer un poids à la place de chacune des puissances qui sont d'un genre différent ; ce qui est très-facile, par le moyen d'un fil passant sur une poulie de renvoi ; de sorte qu'alors il ne reste plus à ce principe que le défaut d'être indirect ; 3°. enfin, quoiqu'on ne puisse le démontrer rigoureusement sans remonter jusqu'aux premiers principes de la mécanique, il est cependant facile d'en rendre assez bien raison, pour qu'il ne soit pas possible d'en douter, quand même on n'en auroit pas d'autres preuves, comme nous allons le faire voir, en attendant la démonstration exacte que nous tâcherons d'en donner dans la suite de cet Essai.

Imaginons donc une machine à laquelle il n'y ait d'autres forces appliquées que des poids ; je la suppose d'ailleurs d'une forme arbitraire, mais qu'on ne lui ait imprimé aucun mouvement : cela posé, quelle que soit la disposition des corps du système, il est clair que s'il y a équilibre, la somme des résistances des points fixes ou obstacles quelconques, estimées dans le sens vertical contraire à la pesanteur, sera égale au poids total du système ; mais s'il naît un mouvement, une partie de la pesanteur sera employée à le produire, et ce n'est qu'avec le surplus, que les points fixes pourront se trouver chargés; donc dans ce cas la somme des résistances verticales des points fixes, sera moindre au premier instant que le poids total du système : donc de ces deux forces combinées (la pesanteur du système et la charge verticale des points fixes) il en résultera une seule force égale à leur différence, et qui poussera le système de haut en bas comme s'il étoit libre : donc le centre de gravité descendra nécessairement avec une vîtesse égale à cette différence divisée par la masse totale du système : donc si le centre de gravité du système ne descend pas, il y aura nécessairement équilibre. Donc en général,

Pour s'assurer que plusieurs poids appliqués à une machine quelconque doivent se faire mutuellement équilibre, il suffit de prouver que si l'on abandonne cette machine à elle-même, le centre de gravité du système ne descendra pas.

III.

La conséquence immédiate de ce principe vrai sans exception, est que si le centre de gravité du système est au point le plus bas possible, il y aura nécessairement équilibre; car, suivant cette proposition, il suffit, pour le prouver, de faire voir que le centre de gravité ne descendra pas : or, comment descendroit-il, puisque par hypothèse il est au point le plus bas possible?

I V.

Pour donner encore une application de ce principe , je suppose qu'il s'agisse de trouver la loi générale d'équilibre entre deux poids A et B appliqués à une machine quelconque; je dis donc qu'alors, en conséquence du principe précédent, il y aura équilibre entre ces deux poids A et B, si, en supposant que l'un des deux vienne à l'emporter, et la machine à prendre un petit mouvement, il arrivoit que l'un de ces corps montât pendant que l'autre descendroit, et qu'en même tems ces poids fussent en raison réciproque de leurs vîtesses estimées dans le sens vertical; en effet, si l'on suppose qu'alors A descendît avec la vîtesse verticale V, tandis que la vîtesse de B, aussi estimée dans le sens vertical, seroit u, on aura, par hypothèse, $A : B :: u : V$, ou $A V = B u$, donc

$$\frac{A V - B u}{A + B} = 0.$$ Cela

posé, puisque les corps sont supposés se mouvoir, l'un de haut en bas, et l'autre de bas en haut, il est évident que le premier membre de cette équation est la vîtesse verticale du centre de gravité du système; donc ce centre de gravité ne descendra pas : donc, par la proposition précédente, il doit y avoir équilibre.

V.

Le second principe sur lequel nous nous sommes proposés de faire quelques observations, est la fameuse loi d'équilibre de *Descartes* ; elle revient à ce que deux puissances en équilibre sont toujours, en raison réciproque de leur vîtesse, estimées dans le sens de ces forces, lorsqu'on suppose que l'une des deux vient à l'emporter infiniment peu sur l'autre, de maniere qu'il en naisse un petit mouvement.

Mais quoique cette proposition soit très-belle et qu'on la regarde ordinairement comme le principe fondamental de l'équilibre dans les machines, elle est cependant infiniment moins générale que celle qui a été citée en premier lieu, car elle s'applique uniquement au cas où il y a seulement deux puissances dans le système, et d'ailleurs elle se déduit très-facilement de ce qui vient d'être dit au sujet des deux poids A et B, puisqu'on ramène visiblement l'un de ces cas à l'autre, en substituant, par des poulies de renvoi, des poids à la place des forces dont on cherche le rapport.

De plus, il est à remarquer que ce principe n'exprime pas les conditions de l'équilibre entre deux puissances, aussi complétement que celui qui a été cité en premier lieu ; car il ne donne que le rapport des quantités de force qui se font équilibre , au lieu que celui-ci donne aussi en quelque sorte le rapport de leurs directions : par exemple , dans le cas d'équilibre entre deux poids , le principe de *Descartes* apprend seulement que les poids doivent être en raison réciproque de leurs vitesses verticales ; mais il n'indique pas , comme le premier , que l'un de ces corps doit nécessairement monter pendant que l'autre descendra ; pour qu'un treuil , par exemple, à la roue et au cylindre duquel sont suspendus des poids par des cordes, demeure en équilibre , il ne suffit pas que le poids appliqué à la roue soit à celui du cylindre , comme le rayon du cylindre est au rayon de la roue ; il faut encore que ces poids tendent à faire tourner la machine en sens contraire l'un de l'autre , c'est-à-dire qu'ils soient placés de différents côtés , par rapport à l'axe , sinon leurs efforts étant conspirants , mettront la machine en mouvement : il est donc évident que ce qui rend le principe de *Descartes* incomplet , c'est qu'en déterminant le rapport des puissances, quant à leurs valeurs ou intensités, il n'exprime pas que ces puissances doivent faire des efforts opposés , ni en quoi consiste cette opposition d'efforts : il est clair en effet que pour l'équilibre il faut que l'une des forces résiste tandis que l'autre sollicite ; or , c'est ce qui n'arrive pas dans le treuil qui vient d'être allégué pour exemple; mais qu'est-ce en général qui distingue les forces sollicitantes des forces résistantes? c'est, ce me semble, ce qui n'a pas encore été déterminé. On verra dans cet Essai que la différence caractéristique de ces forces consiste dans l'angle qu'elles forment avec les directions de leurs vîtesses, de sorte que les unes font toujours avec leurs vîtesses des angles aigus, tandis que les autres font des angles obtus avec les leurs.

Enfin, un défaut qu'il me paroît qu'on peut encore reprocher au principe de *Descartes*, ainsi qu'à tous ceux où il s'agit du petit mouvement qui naîtroit dans le systême, si l'équilibre venoit à être troublé, c'est qu'ils n'indiquent pas la manière de déterminer ce petit mouvement: or, s'il faut pour cela avoir recours à quelque nouveau principe mécanique, le premier n'est donc pas suffisant; et si on peut le déterminer par pure géométrie, quelle en est la manière? C'est ce que ne dit pas le principe: et qu'on ne dise pas que la proportion indiquée par le principe a toujours lieu, quel que puisse être le mouvement, pourvu qu'il soit possible, c'est-à-dire, compatible avec l'impénétrabilité des corps; car ce seroit une erreur; et nous ferons voir dans la suite que ces mouvemens sont assujettis à certaines conditions, en conséquence desquelles j'ai cru devoir leur donner le nom de *mouvemens géométriques*.

On peut faire la même remarque sur tous les principes où l'on proposeroit de considérer la machine dans deux états infiniment proches l'un de l'autre ; car, pour déterminer quels sont ces deux états, c'est-à-dire, quel mouvement il faudroit que la machine prît pour passer de l'un à l'autre, il faut ou employer de nouveaux principes mécaniques, conjointement avec celui qu'on propose, ce qui rendroit celui-ci insuffisant ; ou la géométrie suffit, et dans ce cas, c'est un défaut dans le principe, de ne pas faire connoître les conditions géométriques auxquelles ce mouvement est assujetti.

V I.

Les deux loix dont on vient de parler, sont bornées l'une et l'autre au cas de l'équilibre : on passe aisément de ce cas à celui du mouvement, par le principe de dynamique dû à *M. d'Alembert* ; mais on en a aussi trouvé plusieurs autres qui s'appliquent immédiatement au cas du mouvement ; tel est celui de la conservation des forces vives dans le choc des corps parfaitement élastiques, lequel est d'autant plus général, qu'il s'étend au cas même où le mouvement passe brusquement d'un état à l'autre : mais il paroît qu'on n'a guères songé à l'usage qu'on en pouvoit faire dans la théorie des machines proprement dites ; il est cependant évident que cette loi doit avcir son analogue dans le choc des corps durs; et comme on prend ordinairement ceux-ci pour servir de terme de comparaison, ce principe transféré aux corps durs avec la modification qu'exige la différence de leur nature, ne peut manquer d'être plus utile que la conservation même dont il s'agit: nous ferons voir en effet qu'on en déduit avec la plus grande facilité plusieurs vérités capitales, et particulièrement la conservation des forces vives dans un système de corps durs dont le mouvement change par degrés insensibles; principe dont l'utilité dans la théorie des machines est si connue: on verra en même tems par-là une relation intime entre ces deux conservations de forces vives; on en tire également le principe de *Descartes*, et même, en le généralisant, la loi d'équilibre dans les machines à poids dont il a été question ci-dessus; ce principe enfin, après lui avoir donné l'extension dont il est susceptible, nous a paru renfermer toutes les lois de l'équilibre et du mouvement, et nous n'avons pas cru pouvoir en adopter un meilleur pour servir de base à notre théorie.

VII.

Cet Essai sera divisé en deux parties: dans la première, on traitera des principes généraux de l'équilibre et du mouvement dans les machines;

et dans la seconde, on recherchera les propriétés des machines proprement dites, c'est-à-dire, de ce à quoi le nom de machines a été plus spécialement affecté, sans cependant s'arrêter jamais à aucune machine particulière.

———

PREMIÈRE PARTIE.

Principes généraux.

VIII.

Lorsqu'un corps agit sur un autre, c'est toujours immédiatement, ou par l'entremise de quelque corps intermédiaire ; ce corps intermédiaire est en général ce qu'on appelle une machine : le mouvement que perd à chaque instant chacun des corps appliqués à cette machine, est en partie absorbé par la machine même, et en partie reçu par les autres corps du systême; mais comme il peut arriver que l'objet de la question soit uniquement de trouver l'action réciproque des corps appliqués aux corps intermédiaires, sans qu'on ait besoin d'en connoître l'effet sur le corps intermédiaire même, on a imaginé, pour simplifier la question, de faire abstraction de la masse même de ce corps, en lui conservant d'ailleurs toutes les autres propriétés de la matière: dès-lors la science des machines est devenue en quelque sorte une branche isolée de mécanique, dans laquelle il s'agit de considérer l'action réciproque des différentes parties d'un systême de corps, parmi lesquelles il s'en trouve qui, privées de l'inertie commune à toutes parties de la matière telle qu'elle existe dans la nature, ont retenu le nom de machines.

I X.

Cette abstraction pouvoit simplifier dans certains cas particuliers, où les circonstances indiquoient ceux des corps dont il convenoit de négliger la masse, pour arriver plus facilement au but ; mais on conçoit que la théorie des machines en général est devenue réellement plus compliquée qu'auparavant ; car alors cette théorie étoit renfermée dans celle du mouvement des corps tels que la nature nous les offre; mais à présent il faut considérer à la fois deux sortes de corps, les uns tels qu'ils existent réellement, les autres dépouillés en partie de leurs propriétés naturelles; or, il est clair que le premier de ces problèmes est un cas particulier de celui-ci; donc celui-ci est plus compliqué que l'autre : aussi, quoiqu'on parvienne aisément par de pareilles hypothèses, à trouver les loix de l'équilibre et du mouvement dans chaque machine particulière, telle que le levier, le treuil, la vis, il en résulte un assemblage de connoissances dont la liaison s'apperçoit difficilement, et seulement par une espece d'analogie ; ce qui doit nécessairement arriver tant qu'on aura recours à la figure particulière de chaque machine, pour démontrer une propriété qui lui est commune avec toutes les autres : ces propriétés communes étant celles que nous avons en vue dans cet Essai, il est clair que nous ne parviendrons à les trouver, qu'en faisant abstraction des formes particulières; commençons donc par simplifier l'état de la question, en cessant de considérer dans un même système des corps de différente nature : rendons enfin aux machines leur force d'inertie; il nous sera facile, après cela, d'en négliger la masse dans le résultat : nous serons maîtres d'y avoir égard ou non; et partant, la solution du problême sera aussi générale, en même temps qu'elle sera plus simple.

X.

La science des machines en général se réduit donc à la question suivante.

Connoissant le mouvement virtuel d'un systême quelconque de corps, (c'est-à-dire, celui que prendroit chacun de ces corps, s'il étoit libre) trouver le mouvement réel qui aura lieu l'instant suivant, à cause de l'action réciproque des corps, en les considérant tels qu'ils existent dans la nature, c'est-à-dire, comme doués de l'inertie commune à toutes les parties de la matière.

XI.

Or, cette question renfermant évidemment toute la mécanique, il faut, pour procéder avec clarté, remonter jusqu'aux premières loix que la nature observe dans la communication des

mouvemens : on peut les réduire en général à
deux, que voici.

Loix fondamentales de l'équilibre et du mouvement.

Première loi. *La réaction est toujours égale et contraire à l'action.*

Cette loi consiste en ce que tout corps qui change son état de repos ou de mouvement uniforme et rectiligne, ne le fait jamais que par l'influence ou action de quelqu'autre corps auquel il imprime en même temps une quantité de mouvement égale et directement opposée à celle qu'il en reçoit ; c'est-à-dire, que la vîtesse qu'il prend réellement l'instant d'après, est la force résultante de celle que lui imprime cet autre corps, et de celle qu'il auroit eue sans cette dernière force. Tout corps résiste donc à son changement d'état, et cette résistance qu'on nomme force d'inertie, est toujours égale et directement opposée à la quantité de mouvement qu'il reçoit, c'est-à-dire, à la quantité de mouvement qui, composée avec celle qu'il avoit immédiatement avant le changement, produit pour résultante la quantité de mouvement qu'il doit réellement avoir immédiatement après ; ce qui s'exprime encore en disant que, dans l'action réciproque des corps, la quantité de mouvement perdue par les uns, est toujours gagné par les autres, en même temps et dans le même sens.

Seconde loi. *Lorsque deux corps durs agissent l'un sur l'autre, par choc ou pression, c'est-à-dire, en vertu de leur impénétrabilité, leur vitesse relative, immédiatement après l'action réciproque, est toujours nulle.*

En effet, on observe constamment que si deux corps durs viennent à se choquer, leurs vitesses, immédiatement après le choc, estimées perpendiculairement à leur surface commune au point de contingence, sont égales, de même que s'ils se tiroient par des fils inextensibles, ou se poussoient par des verges incompressibles, leurs vitesses, estimées dans le sens de ce fil ou de cette verge, seroient nécessairement égales: d'où il suit que leur vitesse relative, c'est-à-dire, celle par laquelle ils s'approchent ou s'éloignent l'un de l'autre, est dans tous les cas nulle au premier instant.

De ces deux principes, il est aisé de tirer les loix du choc des corps durs, et de conclure par conséquent les deux autres principes secondaires dont l'usage est continuel en mécanique, savoir:

1°. *Que l'intensité du choc ou de l'action qui s'exerce entre deux corps qui se rencontrent, ne dépend point de leurs mouvements absolus, mais seulement de leur mouvement relatif.* 2°. *Que la force ou quantité de mouvement qu'ils exercent l'un sur l'autre, par le choc, est toujours dirigée*

perpendi-

perpendiculairement à leur surface commune au point de contingence.

XII.

Des deux loix fondamentales, la *première* convient généralement à tous les corps de la nature, ainsi que les deux loix secondaires qu'on vient de voir, et la *seconde* est seulement pour les corps durs; mais comme ceux qui ne le sont pas ont des degrés d'élasticité différents, on ramène ordinairement les loix de leur mouvement à celles des corps durs qu'on prend pour terme de comparaison, c'est-à-dire, qu'on regarde les corps élastiques, comme composés d'une infinité de corpuscules durs séparés par de petites verges compressibles, auxquelles on attribue toute la vertu élastique de ces corps; de sorte qu'on ne considère, à proprement parler, dans la nature, que des corps animés de différentes forces motrices. Nous suivrons cette méthode, comme la plus simple; ainsi nous réduirons la question à la recherche des loix qu'observent les corps durs, et nous en ferons ensuite quelques applications aux cas où les corps sont doués de différents degrés d'élasticité.

XIII.

Cet Essai sur les machines n'étant point un Traité de mécanique, mon but n'est pas

B

d'expliquer en détail, ni de prouver les loix fondamentales que je viens de rapporter; ce sont des
vérités que tout le monde sent très-bien, dont
on convient généralement, et qui se manifestent
avec la plus grande évidence dans tous les phénomènes de la nature: cela me suffit pour remplir
mon objet, qui est uniquement de tirer de ces
loix, une méthode simple et exacte pour trouver
l'état de repos ou de mouvement qui en résulte
dans un système quelconque de corps, c'est-à-
dire, de présenter des mêmes loix sous une forme
qui puisse en faciliter l'application à chaque cas
particulier.

X I V.

Imaginons donc un système quelconque de
corps durs dont le mouvement virtuel donné soit
changé par leur action réciproque en un autre qu'il
s'agit de trouver; et pour embrasser la question
dans toute sa généralité, supposons que le mouvement puisse changer subitement, ou varier par
degrés insensibles; enfin, comme il peut se rencontrer des point fixes, ou obstacles quelconques, considérons-les tels qu'ils sont en effet,
c'est-à-dire, comme des corps ordinaires faisant
eux-mêmes partie du système proposé, mais fixé-
ment arrêtés dans le lieu où ils sont placés.

X V.

Pour parvenir à la solution de ce problème,
observons d'abord que toutes les parties du système

étant supposées parfaitement dures, c'est-à-dire, incompressibles et inextensibles, on peut visiblement, quel qu'il soit, le regarder comme composé d'une infinité de corpuscules durs, séparés les uns des autres, ou par de petites verges incompressibles, ou par de petits fils inextensibles; car, lorsque deux corps se choquent, se poussent, ou tendent en général à se rapprocher l'un de l'autre sans pouvoir le faire, à cause de leur impénétrabilité, on peut concevoir entre les deux une petite verge incompressible, et supposer que le mouvement se transmet de l'un à l'autre suivant cette verge; et de même si deux corps tendent à se séparer, on peut concevoir qu'ils sont retenus l'un à l'autre par un petit fil inextensible, suivant lequel se propage le mouvement: cela posé, considérons successivement l'action de chacun de ces petits corpuscules sur tous ceux qui lui sont adjacents, c'est-à-dire, examinons deux à deux tous ces petits corpuscules séparés l'un de l'autre par une petite verge incompressible ou par un petit fil inextensible, et voyons ce qui en doit résulter dans le système général de tous ces corpuscules: pour cela nommons:

m' et m'' Les masses des corpuscules adjacents.

V' et V'' Les vîtesses qu'ils doivent avoir l'instant suivant.

F' L'action de m'' sur m', c'est-à-dire, la force ou quantité de mouvement que

le premier de ces corpuscules imprime
à l'autre.

F'' La réaction de m' sur m''.

q' et q'' Les angles formés par les directions de V'
et F', et par celles de V'' et F''.

Cela posé, la vîtesse réelle de m' étant V',
cette vîtesse estimée dans le sens de F' sera $V'\cos q'$,
de même la vîtesse de m'' estimée dans le sens
de F'' sera $V''\cos q''$; de même la vîtesse de m''
estimée dans le sens de F'' sera $V''\cos q''$. Donc,
puisque par la seconde loi fondamentale, les corps
doivent aller de compagnie, on aura $V'\cos q' + V''$
$\cos q'' = 0$ (A); donc par la première loi fondamentale on aura aussi $F' V' \cos q' + F'' V'' \cos$
$q'' = 0$ (B); car si m' et m'' sont mobiles tous
les deux, il est clair, par cette loi, qu'on a F',
$= F''$, donc à cause de l'équation (A) on aura
aussi l'équation (B); et si l'un des deux, m' par
exemple, est fixe ou fait partie d'un obstacle, on
aura $V'\cos q' = 0$; donc à cause de l'équation
(A) on aura aussi $V''\cos q'' = 0$; donc l'équation
(B) aura encore lieu; donc cette équation (B) est
vraie pour tous les corpuscules du système pris
deux à deux: imaginant donc une pareille équation pour tous ces corps pris en effet deux à deux,
et ajoutant ensemble toutes ces équations, ou ce
qui revient au même, intégrant l'équation (B),
on aura pour tout le système;

$s F' V' \cos q' + s F'' V'' \cos q'' = 0$: c'est-à-dire, que la somme des produits des quantités de mouvement que s'impriment réciproquement les corpuscules séparés par chacun des petits fils inextensibles, ou des petites verges incompressibles; de ces quantités, dis-je, multipliées chacune par la vitesse du corpuscule auquel elle est imprimée, estimée dans le sens de cette force, est égale à zéro.

Cela posé, abandonnant les dénominations précédentes, nommons:

La masse de chacun des corpuscules du système, m

Sa vitesse virtuelle, c'est-à-dire, celle qu'il prendroit s'il étoit libre, W

Sa vitesse réelle, V

La vitesse qu'il perd, de sorte que W soit la résultante de V et de cette vitesse. U

La force ou quantité de mouvement qu'imprime à m chacun des corpuscules adjacents, et par l'entremise desquels il reçoit évidemment tout le mouvement qui lui est transmis des différentes parties du système, F

L'angle compris entre les directions de W et V, X

L'angle compris entre les directions de W et U, Y

L'angle compris entre les directions de V et U, Z

L'angle compris entre les directions de V et F, f

On aura donc pour tout le systême $s\,F\,V$ cos $q = o$, ou $s\,V\,F$ cos $q = o$ (C); à présent il faut observer que la vîtesse de m avant l'action réciproque, étant W, cette vîtesse estimée dans le sens de V sera W cos X; donc $V — W$ cos X, est la vîtesse gagnée par m dans le sens de V; donc $m\,(V — W$ cos $X)$ est la somme des forces F qui agissent sur m estimées chacune dans le sens de V; donc $m\,V\,(V — W$ cos $X)$ est la même somme multipliée par V; or, à chaque molécule répond une pareille somme, et de plus la somme totale de toutes ces sommes particulières est visiblement pour tout le systême $s\,V\,F$ cos q; donc $s\,m\,V\,(V — W$ cos $X) = s\,V\,F$ cos q; ajoutant à cette équation l'équation (C), il vient $s\,m\,V\,(V — W$ cos $X) = o$ (D); mais W étant la résultante de V et U, il est clair qu'on aura W cos $X = V + U$ cos Z; substituant donc cette valeur de W cos X dans l'équation (D), elle se réduira à $s\,m\,V\,U$ cos $Z = o$ (E); *première équation fondamentale.*

XVI.

Imaginons maintenant qu'au moment où le choc va se faire, le mouvement actuel du systême soit tout-à-coup détruit, et qu'on lui fasse prendre à la place successivement deux autres mouvements arbitraires, mais égaux et directement opposés l'un à l'autre, c'est-à-dire, qu'on le fasse partir successivement de sa position actuelle, avec deux mouvements tels qu'en vertu du second, chaque point du système ait au premier instant une vîtesse égale et directement opposée à celle qu'il auroit eue en vertu du premier de ces mouvements: cela posé, il est clair, 1°. que la figure du système étant donnée, cela peut se faire d'une infinité de manières différentes, et par des opérations purement géométriques; c'est pourquoi j'appellerai ces mouvements *mouvements géométriques*; c'est-à-dire, que *si un système de corps part d'une position donnée, avec un mouvement arbitraire, mais tel qu'il eût été possible aussi de lui en faire prendre un autre tout-à-fait égal et directement opposé: chacun de ces mouvements sera nommé mouvement* (1)

---

(1) Pour distinguer par un exemple très-simple les mouvements que j'appelle *géométriques*, de ceux qui ne le sont pas, imaginons deux globes qui se poussent l'un l'autre, mais du reste libres & dégagés de tout obstacle: imprimons à ces globes des vitesses égales et dirigées dans le même sens suivant la ligne des centres; ce mouvement est *géométrique*, parce que les corps pourroient de même être mus en sens contraire avec la même vitesse, comme il est évident: mais supposons maintenant qu'on imprime à ces corps des mouvements égaux & dirigés dans la ligne des centres, mais qui au lieu d'être, comme précédemment, dirigés dans le même sens, tendent au contraire à les éloigner l'un de l'autre; ces mouvements, quoique possibles, ne sont pas ce que j'entends par *mouvements géométriques*; parce que si l'on vouloit

géométrique; 2°. je dis qu'en vertu de ce mouvement géométrique, les corpuscules voisins qui peuvent

---

faire prendre à chacun de ces mobiles une vitesse égale et contraire à celle qu'il reçoit dans ce premier mouvement, on en seroit empêché par l'impénétrabilité des corps.

De même si deux corps sont attachés aux extrémités d'un fil inextensible, et qu'on fasse prendre au système un mouvement arbitraire, mais tel que la distance des deux corps soit constamment égale à la longueur du fil, ce mouvement sera *géométrique,* parce que les corps peuvent prendre un pareil mouvement dans un sens tout contraire; mais si ces mobiles se rapprochent l'un de l'autre, le mouvement n'est point *géométrique,* parce qu'ils ne pourront prendre un mouvement égal et contraire, sans s'éloigner l'un de l'autre; ce qui est impossible, à cause de l'inextensibilité du fil.

En général il est évident que, quelle que soit la figure du système, et le nombre des corps, si on peut lui faire prendre un mouvement tel qu'il n'en résulte aucun changement dans la position respective des corps, ce mouvement sera *géométrique;* mais il ne s'ensuit pas de là qu'il n'y ait aucun autre moyen de satisfaire à cette condition, comme nous allons le montrer par quelques exemples.

Imaginons un treuil à la roue et au cylindre duquel soient attachés des poids suspendus par des cordes: si l'on fait tourner la machine, de manière que le poids attaché à la roue descende d'une hauteur égale à sa circonférence, tandis que celui du cylindre montera d'une hauteur égale à la sienne, ce mouvement être censés se pousser par une verge, ou se tirer par un fil, ne se rapprocheront ni ne s'éloigneront

---

sera *géométrique*, parce qu'il est également possible de faire descendre le poids attaché au cylindre d'une hauteur égale à sa circonférence, tandis que le poids attaché à la roue monteroit d'une hauteur égale à la sienne; mais si tandis qu'on fera descendre le poids attaché à la roue d'une hauteur égale à sa circonférence, on faisoit monter le poids attaché au cylindre d'une hauteur plus grande que sa circonférence, le mouvement ne seroit pas *géométrique*, parce que le mouvement égal et contraire seroit visiblement impossible.

Si plusieurs corps sont attachés aux extrémités de différents fils réunis par les autres extrémités à un même noeud, et qu'on fasse prendre au système un mouvement tel que chacun des corps reste constamment éloigné du noeud d'une même quantité à la longueur du fil auquel il est attaché, ce mouvement sera *géométrique*, quand même les différents corps se rapprocheroient les uns des autres: mais si quelquesuns d'eux se rapprochoient du noeud, le mouvement ne seroit plus *géométrique*, parce que les fils étant supposés inextensibles, le mouvement égal et contraire seroit visiblement impossible.

Si deux corps sont attachés aux extrémités d'un fil dans lequel soit enfilé un grain mobile, il suffira, pour que le mouvement soit *géométrique*, que la somme des distances du grain mobile à chacun des deux autres corps, soit constamment égale à la longueur du fil; de sorte que si ces deux corps sont fixés, le grain mobile ne sortira pas d'une courbe elliptique.

l'un de l'autre au premier instant, c'est-à-dire,
qu'au premier instant de *ce mouvement géométrique*, la vîtesse relative de ces corpuscules voisins sera nulle; en effet, il est clair, premièrement, que si *m* est séparé d'un corpuscule voisin
par une verge incompressible, il ne pourra s'en
rapprocher; et que s'il en est séparé par un fil
inextensible, il ne pourra s'en éloigner: secondement, je dis que s'il en est séparé par une verge
incompressible, il ne pourra non plus s'en éloigner; car s'il s'en éloignoit, il est clair qu'en vertu

---

Si un corps se meut sur une surface courbe, par
exemple, dans la concavité d'une calotte sphérique, le
mouvement sera *géométrique*, tant que le corps se
mouvra tangentiellement à la surface; mais s'il s'en
écarte, le mouvement cessera d'être *géométrique*,
parce que le mouvement égal et contraire est visiblement impossible.

D'après tout cela, il est évident, que quoiqu'en
faisant prendre à un système un mouvement *géométrique*, les différents corps de ce système puissent se
rapprocher les uns des autres, cependant on peut
dire que les corpuscules voisins, considérés deux à
deux, ne tendent au premier instant ni à se rapprocher ni à s'éloigner, comme je le prouve au long dans
le texte: les corps n'exercent donc aucune action les
uns sur les autres, en vertu d'un pareil mouvement:
ces mouvements sont donc absolument indépendants
des regles de la dynamique; et c'est pour cette raison
que je les ai appelés *géométriques.*

du mouvement égal et directement opposé, lequel
est aussi possible, par hypothèse, il s'en rappro-
cheroit; ce qui ne se peut à cause de l'incompres-
sibilité de la verge; par la même raison enfin, il
est visible que, si c'est un fil qui sépare *m* du corpuscule voisin, il ne pourra s'en rapprocher, puisqu'alors il seroit possible qu'il s'en éloignât par un
mouvement égal et directement opposé; or, cela
ne se peut, à cause de l'inextensibilité du fil;
donc, quel que soit le mouvement géométrique
imprimé au système, la vîtesse relative de tous
ces corpuscules voisins qui agissent les uns sur les
autres, pris deux à deux, sera nulle au premier
instant: cela posé, nommons *u* la vîtesse absolue
qu'aura *m* dans le premier instant, en vertu de ce
mouvement géométrique, et *z* l'angle compris
entre les directions de *u* et *U*; il est clair que les
corpuscules *m* ne tendront point à se rapprocher
ni à s'éloigner les uns des autres, en vertu des
vîtesses *u*, si on les suppose animés en même temps
de ces vîtesses *u* et des vîtesses *U*; ils ne tendront
pas à se rapprocher ou à s'éloigner davantage que
s'ils étoient animés des seules vîtesses *U*; donc
l'action réciproque exercée entre les différentes
parties du système sera la même, soit que chaque
molécule soit animée de la seule vîtesse *U*, ou des
deux vîtesses *u* et *U*; mais si chaque molécule étoit
animée de la seule vîtesse *U*, il y auroit visiblement équilibre; donc si elle est animée à la fois

des deux vîtesses U et u, ou d'une vîtesse unique
qui en soit la résultante, U sera encore la vîtesse
perdue par m; et partant, u sera la vîtesse réelle,
après l'action réciproque : donc, par la même
raison qu'on a eu la première équation fondamentale (E), on aura aussi $s\,m\,u\,U\,\cos z = 0$ (F);
seconde équation fondamentale.

Il est bien facile à présent de résoudre le problême que nous nous sommes proposés, car l'équation précédente devant avoir lieu, quelle que soit
la valeur de u, et sa direction, pourvu que le
mouvement auquel elle se rapporte soit *géométrique*, il est clair qu'en attribuant successivement à
cette indéterminée différentes valeurs et directions
arbitraires, on obtiendra *toutes* les équations
nécessaires entre les quantités inconnues, d'où
dépend la solution du problême, et des quantités
ou données ou prises à volonté.

XVII.

Pour achever de mettre cette solution dans
tout son jour, il suffira d'en donner un exemple.

Supposons donc que tout le systême se réduise
à un assemblage de corps liés entre eux par des
verges inflexibles, de sorte que toutes les parties
du systême soient forcées de conserver toujours
leurs mêmes positions respectives; mais qu'il n'y
ait aucun point fixe ou obstacle quelconque;
l'équation (F) va nous donner la solution de ce

problême, en attribuant successivement à *u* différentes valeurs et différentes directions.

1°. Comme les vîtesses *u* ne sont assujetties à aucune condition, sinon que le mouvement du systême, en vertu duquel les corpuscules *m* ont ces vîtesses, soit *géométrique*, il est évident que nous pouvons d'abord les supposer toutes égales et parallèles à une même ligne donnée; alors *u* étant constante, ou la même pour tous les points du systême, l'équation (F) se réduira à $s\,m\,U$ cos $z = 0$; ce qui nous apprend, que la somme des forces perdues par l'action réciproque des corps, dans le sens arbitraire de *u*, est nulle, et que par conséquent celle qui reste est la même que si chaque corps eût été libre; *principe très-connu.*

2°. Imaginons maintenant qu'on fasse tourner tout le systême autour d'un axe donné, de sorte que chacun des points décrira une circonférence autour de cet axe, et dans un plan qui lui sera perpendiculaire; ce mouvement est visiblement géométrique; donc l'équation (F) a lieu; mais alors, en nommant R la distance de *m* à l'axe, il est clair qu'on a $u = A\,R$, A étant la même pour tous les points; donc l'équation (F) se réduit à $s\,m\,R\,U$ cos $z = 0$; c'est-à-dire, que la somme des moments des forces perdues par l'action réciproque, relativement à un axe quelconque, est nulle; *autre principe très-connu.*

3°. Nous pourrions encore attribuer à *u* d'autres

valeurs; mais cela seroit inutile et meneroit à des équations déjà renfermées dans les précédentes; car on sait que celles-ci suffisent pour résoudre la question, ou du moins pour la réduire à une affaire de pure géométrie.

Première Remarque.

XVIII.

Le but qu'on se propose, en imprimant un mouvement géométrique, est de changer l'état du système, sans cependant altérer l'action réciproque des corps qui le composent, afin de se procurer par-là des rapports entre ces forces exercées et inconnues, et les vîtesses arbitraires que prennent les corps, en vertu de ces différens mouvements géométriques; mais il faut remarquer qu'il y a un cas où les mouvements géométriques ne sont pas les seuls qui puissent remplir le même objet, et où quelques autres mouvements peuvent s'employer de même, pour tirer de l'équation générale (F) des équations déterminées; ce cas arrive lorsque ces autres mouvements, sans être absolument géométriques, le deviennent cependant, en supprimant seulement quelques-uns des petits fils ou verges que nous avons imaginés interposés entre les particules adjacentes du système, lors, dis-je, que ces fils ou verges qui étoient supposés transmettre le mouvement

d'un corpuscule à l'autre, n'en transmettent en
effet aucun; c'est-à-dire, lorsque la tension de
quelques-uns de ces fils, ou la pression de quelques-unes de ces verges, est égale à zéro : car alors,
en supprimant ces fils et verges, dont les tensions
ou pressions sont nulles, on ne change évidemment rien du tout à l'action réciproque des corps,
et cependant il est possible qu'on rende par-là le
système susceptible de quelques mouvements géométriques, qui ne pourroient avoir lieu sans cela ;
rien n'empêche donc alors qu'on ne regarde comme anéantis ces fils et verges, puisqu'ils n'influent
en rien sur l'état du système, et qu'on n'emploie
par conséquent comme géométriques, les mouvements qui, sans l'être effectivement, le deviennent cependant par cette suppression.

De plus, lorsque deux corps sont contigus l'un
à l'autre, c'est la même chose évidemment de
supprimer la petite verge que nous avons imaginée interposée entre deux, pour les empêcher
de se rapprocher, ou de supposer que ces corps
soient perméables l'un à l'autre, c'est-à-dire,
qu'ils puissent se pénétrer aussi facilement que
l'espace vuide est pénétré par tous les corps ; d'où
il suit évidemment qu'en général, dans un systême quelconque de corps agissant les uns sur les
autres, soit immédiatement, soit par des fils et
verges, c'est-à-dire, par l'entremise d'une machine quelconque, s'il se trouve quelque fil,

verge ou autre partie quelconque de la machine
qui n'exerce aucune action sur les corps qui lui
sont appliqués, c'est-à-dire, qui puisse être anéantie, sans qu'il en résulte aucun changement dans
l'action réciproque de ces corps, on pourra traiter comme géométriques tous les mouvements
qui, sans l'être effectivement, le deviendroient par
cette suppression, de même que ceux qui le deviendroient aussi, en regardant comme librement
perméables l'un à l'autre ceux des corps entre
lesquels il ne s'exerce aucune pression, quoiqu'ils
soient adjacents. Voici maintenant quelle est l'utilité de cette observation.

Si, lorsqu'on entreprend la solution de quelque problème, on sait d'avance que telle partie
de la machine n'exerce aucune action sur les autres parties du système, on pourra supposer que
cette partie de machine est totalement anéantie,
et chercher le mouvement du système d'après
cette hypothèse, c'est-à-dire, en traitant comme
géométriques tous les mouvements qui le deviendroient réellement par cette supposition; et
de même, si l'une des conditions données du
problème, est que tels corps adjacents n'exercent l'un sur l'autre aucune pression, on exprime-
ra cette condition, en regardant ces deux
corps comme perméables l'un à l'autre, c'est-à-
dire, en traitant comme géométriques les mouvements qui le deviendroient en effet par cette
supposition.   Mais

Mais s'il arrivoit qu'on ignorât si cette pression est réelle ou nulle, il faudroit chercher le mouvement du système, en supposant d'abord à volonté l'un ou l'autre; on supposera donc, par exemple, que cette pression est réelle; alors si en cherchant, d'après cette hypothèse, la valeur de cette pression, on la trouve réelle et positive, on conclura que l'hypothèse est légitime, et le résultat exact; sinon, on seroit assuré que la pression en question est nulle, et qu'on peut par conséquent traiter comme géométriques les mouvements qui le deviendroient en effet, si les deux corps dont il s'agit étoient librement perméables l'un à l'autre.

De même, s'il y avoit dans le système une machine, un fil par exemple, et qu'on ignorât si la tension de ce fil est nulle ou réelle, on pourroit faire le calcul, en supposant d'abord qu'il y a réellement tension; alors, si l'on trouve pour la valeur de cette tension une quantité réelle et positive, on conclura que la supposition étoit légitime, et que le résultat est exact; sinon, il faudra recommencer le calcul, en partant de la supposition contraire, c'est-à-dire, en supposant que la tension du fil soit égale à zéro; ce qui se fera, en supposant le fil anéanti, c'est-à-dire, en traitant comme géométriques les mouvements qui le seroient effectivement, si le fil en question n'existoit pas.

Il suit de là que pour tirer dans chaque cas particulier de l'équation générale (F), toutes les équations déterminées qu'elle peut donner, il faut, 1°. faire prendre au systême tous les mouvements géométriques dont il est susceptible; 2°. traiter encore comme tels tous ceux qui le deviendroient, en supprimant quelque machine ou partie de machine, dont l'action sur le reste du systême soit nulle, ou en regardant comme perméables l'un à l'autre les corps entre lesquels, quoiqu'adjacents, il ne s'exerce aucune pression; 3°. enfin, si l'on est en doute que tel fil, verge ou partie quelconque de machine ait ou non une action réelle sur les autres parties du systême, ou qu'il y ait pression réelle entre deux corps adjacents, il faut éclaircir d'abord ce doute, en supposant la chose en question, comme on l'a expliqué ci-dessus, et traitant comme géométriques les mouvements que ces suppositions auront fait découvrir pouvoir être pris pour tels.

D'après cette remarque, il paroît donc à propos d'étendre le nom de *géométriques* à tous les mouvements qui, sans l'être effectivement, le deviennent, en supprimant quelque machine ou partie de machine qui n'influe en rien sur l'état du systême, et en regardant aussi comme parfaitement perméables l'un à l'autre les corps qui se touchent, sans qu'il s'exerce entre eux aucune pression, c'est-à-dire, sans qu'il y ait autre chose qu'une simple juxtaposition ; ainsi nous comprendrons dorénavant tous ces mouvements, sous le nom commun de *mouvements géométriques*, puisqu'en effet ils se déterminent également par des opérations purement géométriques, et s'emploient de même pour tirer de l'équation générale (F), des équations déterminées, attendu que la propriété générale et exclusive (1) de ces mouvements, est de changer l'état du systême, sans altérer l'action réciproque des corps qui le composent ; cependant, pour laisser entre eux quelque distinction, on peut appeler les premiers, *mouvements géométriques absolus*, et les autres,

_____

(1) Il est évident que cette propriété appartient successivement aux mouvements que j'appelle ici géométriques, et que ce seroit par conséquent en avoir une idée très-fausse, que de les regarder comme des mouvements simplement possibles, c'est-à-dire, compatibles avec l'impénétrabilité de la matière : car, supposons, par exemple, que tout le systême se réduise à deux globes adjacents, et se poussant l'un l'autre, il est clair que si l'on force ces corps à se séparer, ou à se mouvoir en sens contraire l'un de l'autre, ce mouvement ne sera pas impossible, mais qu'en même tems les corps ne peuvent le prendre sans cesser d'agir l'un sur l'autre : ce mouvement n'est donc pas propre à remplir le but qu'on se propose, qui est de ne rien changer à l'action réciproque des corps.

mouvements géométriques par supposition; mais lorsque je parlerai simplement de mouvements géométriques, sans les désigner autrement, on entendra indifféremment les uns et les autres.

‹ Cela posé, puisque nous avons expliqué comment on peut déterminer, sans le secours d'aucun principe mécanique, tous les mouvements géométriques dont un système donné est susceptible, il s'ensuit que le problème général que nous nous étions proposé, se trouve entièrement réduit par l'équation générale (F), à des opérations purement géométriques et analytiques: il faut cependant observer qu'il ne suffit pas d'attribuer aux arbitraires *u*, différentes valeurs, mais qu'il faut aussi leur attribuer différents rapports ou directions; car si l'on se contentoit de leur attribuer différentes valeurs, sans rien changer aux rapports ni aux directions, on obtiendroit différentes équations toutes justes à la vérité, mais qui se réduiroient évidemment à la même, en les multipliant par différentes constantes.

Deuxième Remarque.

XIX.

Comme il n'est encore question jusqu'ici que de corps durs, il est clair que parmi les différentes valeurs qu'on peut attribuer à *u*, la vîtesse *V* est elle-même comprise, c'est-à-dire, que le mouvement réel du système est lui-même un des mouvements géométriques dont il est susceptible; la première équation (E) est donc contenue dans l'équation indéterminée (F), et par conséquent on peut réduire à cette seule équation (F) toutes les loix de l'équilibre et du mouvement dans les corps durs.

Or, on vient de voir que cette équation n'est autre chose que la première (E), à laquelle on est parvenu à donner plus d'extension, par le moyen des mouvements géométriques ; mais, comme on le verra bientôt (XXIV), l'analogie de cette équation (E) avec le principe de la conservation des forces vives dans le choc des corps parfaitement élastiques, devient frappante, par une légère transformation; et nous verrons(XXVI), qu'en effet ce n'est autre chose que ce principe lui-même transféré aux corps durs, avec la modification qu'exige la différente nature de ces corps: c'est donc cette conservation de forces vives, qui servira, comme nous en avions prévenu, de base à toute notre théorie des machines, soit en repos, soit en mouvement.

D'après ces remarques, on va récapituler brièvement la solution du problême précédent, pour faire voir d'un coup d'oeil la suite des opérations qu'on vient d'indiquer.

Problême.

X X.

Connoissant le mouvement virtuel d'un systême quelconque donné de corps durs (c'est-à-dire. celui qu'il prendroit, si chacun des corps étoit libre) trouver le moûvement réel qu'il doit avoir l'instant suivant.

Solution. Nommons:

Chaque molécule du systême, . . . m

Sa vîtesse virtuelle donnée, . . . W

Sa vîtesse réelle cherchée, . . . V

La vîtesse qu'elle perd, de sorte que W soit la résultante de V et de cette vîtesse, . U

Imaginons maintenant qu'on fasse prendre au systême un *mouvement géométrique arbitraire*, et soit la vîtesse qu'aura alors m, . u

L'angle formé par les directions de W et V, X

L'angle formé par les directions de W et U, Y

L'angle formé par les directions de V et U, Z

L'angle formé par les directions de W et u, x

L'angle formé par les directions de V et u, y

L'angle formé par les directions de U et u, z

Cela posé, on aura l'équation $\varsigma\, m\, u\, U \cos z = 0$ (F), par le moyen de laquelle on trouvera dans tous les cas l'état du systême, en attribuant successivement aux indéterminées u, différents rapports et directions arbitraires.

Définitions.

XXI.

Imaginons un systême de corps en mouvement d'une manière quelconque: soient m la masse de chacun de ces corps, et V sa vîtesse; supposons maintenant qu'on fasse prendre au systême un mouvement quelconque géométrique, et soient u la vîtesse qu'aura alors m (et que j'appellerai sa *vitesse géométrique*) et y l'angle compris entre les directions de V et u; cela posé, la quantité $m u V$ cos y sera nommée moment de la quantité de mouvement $m V$, à l'égard de la vîtesse géométrique u; et la somme de toutes ces quantités, c'est-à-dire, $s m u V$ cos y, sera nommée moment de la quantité de mouvement du systême à l'égard du mouvement géométrique, qu'on lui a fait prendre: ainsi *le moment de la quantité de mouvement d'un systême de corps, à l'égard d'un mouvement quelconque géométrique, est la somme des produits des quantités de mouvement des corps qui le composent, multipliées chacune par la vîtesse géométrique de ce corps, estimée dans le sens de cette quantité de mouvement.* De sorte qu'en conservant les dénominations du problême, $s m u W$ cos x est le moment de la quantité de mouvement du systême avant le choc; $s m u V$ cos y est le moment de la quantité de mouvement du même système après le choc; et $s\,m\,u\,V'\cos z$ est le moment de la quantité de mouvement perdu dans le choc, (tous ces momens étant rapportés au même mouvement géométrique.) Ainsi de l'équation fondamentale (F) on peut conclure que dans le choc des corps durs, soit que ces corps soient tous mobiles, ou qu'il y en ait de fixes, ce qui revient au même, soit que le choc soit immédiat, ou qu'il se fasse par le moyen d'une machine quelconque sans ressort, le moment de la quantité de mouvement perdu par le système général est égal à zéro.

W étant la résultante de V et U, il est clair qu'on a $W\cos x = V\cos y + U\cos z$, ou $m\,u\,W\cos x = m\,u\,V\cos y + m\,u\,U\cos z$, ou enfin $s\,m\,u\,W\cos x = s\,m\,u\,V\cos y + s\,m\,u\,U\cos z$: or, nous avons trouvé $s\,m\,u\,U\cos z = 0$; donc $s\,m\,u\,W\cos x = s\,m\,u\,V\cos y$, c'est-à-dire, qu'à l'égard d'un mouvement quelconque géométrique, le moment de quantité de mouvement du système, immédiatement après le choc, est égal au moment de quantité de mouvemens immédiatement avant le choc.

Lorsqu'on décompose la vitesse que prendroit un corps s'il étoit libre, en deux, dont l'une soit la vitesse qu'il prend réellement, l'autre est la vitesse qu'il perd ; et réciproquement si l'on décompose la vitesse qu'il prend, en deux, dont l'une soit celle qu'il auroit prise s'il eût été libre, l'autre sera la vitesse qu'il gagne ; d'où il suit

visiblement que ce qu'on entend par la vitesse
gagnée par un corps, et ce qu'on entend par sa
vitesse perdue, sont deux quantités égales et directement opposées: cela posé, le moment de la
quantité de mouvement perdue par m, à l'égard
de la vitesse géométrique v, étant, suivant la définition précédente, $m u V \cos z$, le moment de la
quantité de mouvement gagnée par le même
corps sera $- m u V \cos z$; car il n'y a de différence entre ces deux quantités, qu'en ce que l'angle
compris entre u et la vitesse gagnée, est le sup-
plément de celui compris entre u et V; de sorte
que l'un de ces angles étant aigu, l'autre sera
obtus, et son cosinus égal au cosinus de l'autre,
pris négativement.

Il suit de là que le moment de la quantité de
mouvement perdue par le système général, à
l'égard d'un mouvement quelconque géométrique, (lequel est nul, comme on l'a vu ci-dessus),
est la même chose que la différence entre le
moment de quantité de mouvement perdue par
une partie quelconque des corps qui le composent, et le moment de la quantité de mouvement
gagnée par les autres corps du même système;
donc cette différence est égale à zéro; donc l'une
de ces deux quantités est égale à l'autre, c'est-à-
dire, que *le moment de quantité de mouvement per-*
due dans le choc par une partie quelconque des
corps du système, à l'égard d'un mouvemens

quelconque géométrique, est égal au moment de quantité de mouvement gagnée par les autres corps du même système.

On peut donc, de la définition précédente, recueillir les trois propositions contenues dans le théorême suivant.

T h é o r ê m e.

XXII.

Dans le choc des corps durs, soit que ce choc soit immédiat, ou qu'il se fasse par le moyen d'une machine quelconque sans ressort, il est constant qu'à l'égard d'un mouvement quelconque géométrique:

1. Le moment de la quantité de mouvement perdue par tout le système, est égal à zéro.

2°. Le moment de la quantité de mouvement perdue par une partie quelconque des corps du système, est égal au moment de la quantité de mouvement gagnée par l'autre partie.

3°. Le moment de la quantité de mouvement réelle du système général, immédiatement après le choc, est égal au moment de la quantité de mouvement du même système, immédiatement avant le choc.

Il est clair, par la définition précédente, que ces trois propositions sont identiques au fond, et ne sont autre chose que l'équation même fondamentale (F) exprimée de diverses manières.

On peut remarquer aussi que ces propositions ont beaucoup de rapport à celles que l'on tire de la considération des moments, relativement à différents axes; mais celles-ci sont moins générales, et se tirent aisément de celles qu'on vient d'établir (XVII.)

Il y a donc, comme on voit, par la troisième proposition de ce théorème; il y a, dis-je, dans toute percussion ou communication de mouvement, soit immédiate, soit faite par l'entremise d'une machine, une quantité qui n'est point altérée par le choc: cette quantité n'est pas, comme l'avoit pensé *Descartes*, la somme des quantités de mouvement; ce n'est pas non-plus la somme des forces vives, car celle-ci ne se conserve que dans le cas où le mouvement change par degrés insensibles, comme on verra plus bas, et elle diminue toujours lorsqu'il y a percussion, comme on le prouvera dans le corollaire second: lorsque le système est libre, la quantité de mouvement estimée dans un sens quelconque, est à la vérité la même avant et après la percussion ; mais cette conservation n'a plus lieu, s'il y a des obstacles, non plus que celle des moments de quantité de mouvements rapportés à différents axes: toutes ces quantités sont donc altérées par le choc, ou du moins ne se conservent que dans quelques cas particuliers; mais il y a une autre quantité que ni les divers obstacles qui s'opposent

au mouvement, ni les machines qui le transmettent, ni l'intensité des différentes percussions ne
peuvent changer; c'est le moment de quantité de
mouvement du système général, à l'égard de
chacun des mouvements géométriques dont il est
susceptible, et ce principe renferme en lui seul
toutes les loix de l'équilibre et du mouvement
dans les corps durs; nous verrons même dans le
corollaire IV, que cette loi s'étend également
aux autres espèces de corps, quelle qu'en soit la
nature et le degré d'élasticité.

Si le choc détruisoit tous les mouvements,
on auroit $V = 0$, ainsi l'équation se réduiroit
à $s\,m\,W\,u\,\cos x = 0$, qui nous apprend que
ce cas arrive, c'est-à-dire, que tous les mouvements se détruisent réciproquement par le choc,
dans le cas où, immédiatement avant ce choc, le
moment de la quantité de mouvement du système
général est nul, relativement à tous les mouvements géométriques dont il est susceptible.

Premier Corollaire.

XXIII.

*Parmi tous les mouvements dont est susceptible
un système quelconque de corps durs agissants les
uns sur les autres, soit par un choc immédiat,
soit par des machines quelconques sans ressort,
celui de ces mouvements qui aura lieu réellement,*

l'instant d'après, sera le mouvement géométrique, qui est tel que la somme des produits de chacune des masses, par le carré de la vitesse qu'elle perdra, est un minimum, c'est-à-dire, moindre que la somme des produits de chacun de ces corps, par la vitesse qu'il auroit perdue, si le système eût pris un autre mouvement quelconque géométrique.

Sur quoi il faut remarquer, qu'en donnant pour *minimum* la somme des produits de chaque masse, par le carré de sa vitesse perdue, j'entends seulement que la différentielle de cette somme est nulle, c'est-à-dire, que sa différence avec ce qu'elle seroit, si le système avoit un mouvement géométrique infiniment peu différent du premier, est égal à zéro : ainsi cette somme peut être quelquefois un *maximum*, ou même n'être ni un *maximum* ni un *minimum*, et j'ai seulement à établir que $d s m U^2 = 0$.

Démonstration. Il est d'abord évident que le vrai mouvement du système après le choc doit être géométrique, car les mouvements géométriques étant ceux qui n'altèrent point l'action qui s'exerce entre les corps, il est clair que le premier en ordre est le mouvement même que prend le système : il s'agit donc de savoir quel est, parmi tous les mouvements géométriques possibles, celui qui doit avoir lieu : or, supposons que s'il en prenoit un autre infiniment peu différent de celui qu'on cherche, la vitesse de chaque molécule *m* fût alors V'; décomposons V' en deux, dont l'une soit V, c'est-à-dire, la vîtesse réelle, et l'autre V''; cela posé, il est évident que si les corps n'avoient pas d'autres vîtesses que ces dernières V'', le mouvement seroit encore géométrique, car V'' est visiblement la résultante de V' et d'une vîtesse égale et directement opposée à V; or, par hypothèse, les molécules prises deux à deux ne tendent, ni en vertu de V', ni en vertu de $- V$, à se rapprocher ou à s'éloigner, puisque dans ces deux cas le mouvement est géométrique; donc, en supposant que les molécules m aient à la fois les vîtesses V' et $- V$, ou leur résultante V'', ils ne tendront non plus ni à se rapprocher ni à s'éloigner; et partant, le mouvement sera alors géométrique: donc, si l'on appelle z'' l'angle compris entre les directions de V'' et U, on aura par l'équation fondamentale (F) $s\, m\, U\, V'' \cos z = 0$; d'un autre côté, nommons U' la vîtesse que perdroit m si sa vîtesse effective étoit V', de sorte que W soit la résultante de V' et de U', il faudra nécessairement que U' soit composée de U et d'une vîtesse égale et directement opposée à V''; d'où il suit évidemment que $U' - U$ ou $d\, U = - V'' \cos z''$; donc l'équation $s\, m\, U\, V'' \cos z'' = 0$, trouvée ci-dessus, devient $s\, m\, U\, d\, U = 0$ ou $d\, s\, m\, U^2 = 0$.

Je suppose, par exemple, que deux globes A et B, venant à se choquer obliquement, on demande leurs mouvements après le choc.

Supposons que la vîtesse de A, estimée suivant la ligne des centres, soit avant le choc a, et après le choc V; que celle de B, aussi estimée suivant la ligne des centres, soit avant le choc b, et après le choc u; que celle de A, estimée perpendiculairement à la même ligne, soit avant le choc a', et après le choc V'; qu'enfin celle de B, aussi estimée perpendiculairement à cette ligne des centres, soit avant le choc b', et après le choc u'; cela posé, par notre proposition, le mouvement devant être géométrique, il faut d'abord qu'on ait $V = u$; ainsi la vîtesse perdue par A, suivant la ligne des centres, sera $a - u$, et celle perdue par B, dans le même sens, sera $b - u$; de plus, dans le sens perpendiculaire à la ligne des centres, la vîtesse perdue par A sera $a' - V'$, et celle perdue par B, sera $b' - u'$; donc $\sqrt{(a-u)^2 + (a' - V')^2}$ sera la vîtesse absolue perdue par A, et celle perdue par B sera $\sqrt{(b-u)^2 + (b' - u')^2}$: donc, suivant la proposition, on doit avoir $d[A(a - u)^2 + A(a' - V')^2 + B(b - u)^2 + B(b' - u')^2] = 0$, ou $A(a - u)\,du + A(a' - V')\,dV' + B(b - u)\,du + B(b' - u')\,du' = 0$, équation qui doit avoir lieu généralement, c'est-à-dire, quelles que soient les valeurs de du, dV', et du'; il faut donc que le co-efficient de chacune de ces différentielles soit égal à zéro; ce qui donne $V' = a'$, $u' = b'$, et $u = \dfrac{Aa + Bb}{A + B}$; *ce qui falloit trouver.*

Il est clair que cette proposition renferme toutes les loix du choc des corps durs, soit que ce choc soit immédiat, ou qu'il se fasse par le moyen d'une machine quelconque, puisqu'il assigne le caractère, auquel on reconnoîtra parmi tous les mouvements qui sont possibles, celui qui doit avoir lieu réellement à chaque instant; ce principe a beaucoup d'analogie avec celui que *M. de Maupertuis* a trouvé et nommé *principe de la moindre action.* (*Essai de cosmologie.*)

Deuxième Corollaire.

XXIV.

Dans le choc des corps durs, soit qu'il y en ait de fixes, où qu'ils soient tous mobiles (ou ce qui revient au même,) soit que ce choc soit immédiat, ou qu'il se fasse par le moyen d'une machine quelconque sans ressort; la somme des forces vives avant le choc, est toujours égale à la somme des forces vives après le choc, plus la somme des forces vives qui auroit lieu, si la vitesse qui reste à chaque mobile, étoit égale à celle qu'il a perdue dans le choc.

C'est-à-dire, qu'il faut prouver l'équation suivante $s\,m\,W^2 = s\,m\,V^2 + s\,m\,U^2$: or, elle se déduit facilement de l'équation fondamentale (E), car W étant résultante de V et U, il est clair que $W\,V$ et U sont proportionnelles aux trois côtés

d'un

d'un certain triangle ; donc, par la trigonométrie, on a $W^2 = V^2 + U^2 + 2 V U \cos Z$: donc, $s\,m$ $W^2 = s\,m\,V^2 + s\,m\,U^2 + 2\,s\,m\,V U \cos Z$: or, par l'équation (E) on a $s\,m\,V U \cos Z = 0$; donc l'équation précédente se réduit à $s\,m\,W^2 = s\,m$ $V^2 + s\,m\,U^2$; ce qui falloit prouver.

On voit donc, comme nous l'avons dit (XXI,) que par cette transformation l'analogie de l'équation (E) avec la conservation des forces vives, devient frappante ; aussi peut-on aisément démontrer l'une par l'autre, comme on verra (XXVI.)

L'analogie de cette même équation avec la conservation des forces vives dans un systême de corps durs dont le mouvement change par degrés insensibles, est encore plus évidente, puisqu'il s'agit alors d'un cas particulier de celui que nous venons d'examiner ; c'est en effet visiblement le cas particulier ou U est infiniment petite, et partant U^2 infiniment petite du second ordre ; ce qui réduit l'équation à $s\,m\,W^2 = s\,m\,V^2$: mais cette conservation sera expliquée plus au long dans le corollaire suivant.

Troisième Corollaire.

XXV.

Lorsqu'un systême quelconque de corps durs change de mouvement par degrés insensibles ; si pour un instant quelconque on appelle m *la masse de*

D

(50)

chacun des corps, V sa vitesse, p sa force motrice, R l'angle compris entre les directions de V et p, u la vitesse qu'auroit m, si on faisoit prendre au système un mouvement quelconque géométrique, r l'angle formé par u et p, y l'angle formé par V et u, d t l'élément du temps ; on aura ces deux équations

$s\, m\, V\, p\, d\, t\, \cos R - s\, m\, V\, d\, V = o.$

$s\, m\, u\, p\, d\, t\, \cos r - s\, m\, u\, d\, (V \cos y) = o.$

Démonstration. Premièrement, $p\, d\, t\, \cos R$ est visiblement la vitesse que la force motrice p auroit imprimée à m dans le sens de V, si ce corps eût été libre ; de plus, $d\, V$ est la vitesse qu'il reçoit réellement dans le même sens : donc $p\, d\, t\, \cos R - d\, V$ est la vitesse perdue par m dans le sens de V, en vertu de l'action réciproque des corps ; c'est donc cette quantité qu'il faut mettre pour $U \cos Z$ dans l'équation fondamentale (E), laquelle devient par cette substitution $s\, m\, V\, p\, d\, t\, \cos R - s\, m\, V\, d\, V = o$, qui est la première des deux équations que nous avions à démontrer.

Secondement, $p\, d\, t \cos r$ est la vitesse que la force motrice p auroit imprimée à m dans le sens de u, si ce corps eût été libre ; de plus, $V \cos y$ étant la vitesse de m dans le sens de u, $d\, (V \cos y)$ est la quantité dont cette vitesse estimée dans le même sens augmente ; donc $p\, d\, t \cos r - d\, (V \cos y)$ est la vitesse perdue par m dans le sens de u, en vertu de l'action réciproque des corps : c'est donc cette quantité qu'il faut mettre pour $U \cos z$ dans la seconde équation (F), laquelle devient par cette substitution $s\,m\,u\,p\,dt\cos r - s\,m\,u\,d\,(V\cos y) = o$, qui est la seconde des deux équations que nous avions à démontrer.

Ces équations ne sont donc autre chose que les équations fondamentales (E) et (F) appliquées au cas où le mouvement change par degrés insensibles; et partant, elles renferment toutes les loix de ce mouvement: on peut remarquer de plus, que la première de ces deux équations n'est qu'un cas particulier de la seconde, par la même raison que l'équation (E) d'où elle est tirée, est contenue dans celle (F) d'où est tirée la seconde; mais cette première équation $s\,m\,V\,p\,dt\cos R - s\,m\,V\,dV = o$ mérite une attention particulière; parce qu'elle renferme le fameux principe de la conservation des forces vives dans un système de corps durs dont le mouvement change par degrés insensibles, comme on va l'expliquer.

Nommons d'abord ds l'élément de la courbe décrite par le corpuscule m pendant dt; cela posé, nous aurons $V\,dt = ds$; et partant, l'équation précédente prend cette forme $s\,m\,p\,ds\cos R - s\,m\,V\,dV = o$: maintenant supposons pour un instant que la courbe décrite par m soit une ligne inflexible, que m soit un grain mobile enfilé dans cette courbe, qu'il la parcourt librement, c'est-à-dire, sans être gêné par les réactions des autres parties du système, qu'il éprouve à chaque point

D .

de cette courbe la même force motrice que celle
dont il étoit animé dans le premier cas, et qu'enfin
dans ce premier cas la vîtesse initiale de m soit K,
tandis que dans le second elle sera nulle au premier instant, et V' après un temps indéterminé t;
cela posé, en intégrant l'équation précédente pour
avoir l'état du systême au bout du temps t; nous
aurons pour le premier cas $s'\, s\, m\, p\, ds$ cos $R \longrightarrow s'\, s$
$m\, V\, dV = 0$, s' désignant le signe d'intégration
relatif à la durée du mouvement, tandis que s
est le signe d'intégration relatif à la figure du
systême; or, $s'\, s\, m\, V\, dV = \dfrac{s\, m\, V^2}{2}$: donc l'équation peut se mettre sous cette forme $s'\, s\, m\, p\, ds$ cos
$R \longrightarrow s\, m\, V^2 + C = 0$; C étant une constante
ajoutée pour compléter l'intégrale; pour la déterminer, on observera qu'au premier instant on a
$V = K$ et $s'\, s\, m\, p\, ds$ cos $R = 0$; donc $C = \dfrac{s\, m\, K^2}{2}$;
donc $2\, s'\, s\, \breve{m}\, p\, ds$ cos $R \longrightarrow s\, m\, V^2\, s\, m\, K^2 = 0$;
par les mêmes raisons on a pour le second cas $2\, s'\, s$
$m\, p\, ds$ cos $R \longrightarrow s\, m\, V'^2 = 0$, sans constante,
parce qu'on suppose V' nulle au premier instant;
ôtant donc cette équation de la précédente, réduisant, et transposant, on a $s\, m\, V^2 = s\, m\, K^2 + s$
$m\, V'^2$; c'est-à-dire, que *dans un systême quelcon-*
que de corps durs, dont le mouvement change par
degrés insensibles, la somme des forces vives au
bout d'un temps quelconque, est égale à la somme
des forces vives initiales, plus la somme des forces

vives qui auroit lieu, si chaque mobile avoit pour vitesse celle qu'il auroit acquise en parcourant librement la courbe qu'il a décrite, en supposant d'ailleurs qu'il eût été animé à chaque point de cette courbe, de la même force motrice qu'il y éprouve réellement, et que sa vitesse au premier instant eût été nulle.

C'est cette proposition qu'on appelle principe de la conservation des forces vives, et d'où l'on peut conclure que,

Dans un système de corps durs dont le mouvement change par degrés insensibles, et qui ne sont animés d'aucune force motrice, la somme des forces vives est une quantité constante, c'est-à-dire, la même pour tous les instants.

Car dans ce cas on a par hypothèse $p = 0$, ce qui donne $V' = 0$, et partant $s\,m\,V^2 = s\,m\,K^2$; équation qui se tire d'ailleurs immédiatement de celle $s\,m\,p\,V\,d\,t\cos R - s\,m\,V\,d\,V = 0$ trouvée (XXIV), laquelle à cause de $p = 0$, se réduit à $s\,m\,V\,d\,V = 0$, dont l'intégrale complétée est $\frac{1}{2}s\,m\,V^2 = \frac{1}{2}s\,m\,K^2 = 0$; d'où suit l'équation $s\,m\,V^2 = s\,m\,K^2$: qu'il falloit prouver.

Quatrième Corollaire.

XXVI.

J'ai prouvé (XIX), que l'équation indéterminée (F) renferme toutes les loix de l'équilibre et du mouvement dans les corps durs ; je vais maintenant plus loin, et je dis que cette équation convient également aux corps qui ne le sont pas, et que par conséquent cette loi générale s'étend indistinctement à tous les corps de la nature : en effet, lorsque plusieurs corps qui ne sont pas durs agissent les uns sur les autres d'une manière quelconque, si l'on conçoit le mouvement qu'auroit pris chaque mobile s'il eût été libre, décomposé en deux, dont l'un soit celui qu'il prendra réellement, l'autre sera détruit; d'où il suit visiblement que si les corps eussent été durs et n'eussent eu d'autres mouvements que ce dernier, il y auroit eu équilibre; ces mouvements détruits sont donc assujettis aux mêmes loix, ont entre eux les mêmes rapports, et peuvent enfin se déterminer de la même manière que si les corps étoient durs, c'est-à-dire, par l'équation générale (F) : cette équation (F) n'est donc point bornée aux corps durs, elle appartient également à tous les corps de la nature, et contient par conséquent toutes les loix de l'équilibre et du mouvement, non seulement pour les premiers, mais même pour tous les autres, quelque puisse être leur degré de compressibilité : mais la différence consiste en ce que l'on peut, dans le cas où il s'agit de corps durs, supposer $u = V$; de sorte qu'alors $m\,V\,U \cos \chi = 0$, devient une des équations déterminées du problème, au lieu que cela

n'est pas lorsque les corps sont d'une nature différente : c'est donc cette équation déterminée, laquelle est la même que la première équation fondamentale (E), c'est, dis-je cette équation déterminée qui caractérise les corps durs, et par conséquent il est absolument nécessaire de l'employer
au moins implicitement dans toutes les questions
qui concernent ces corps ; et lorsqu'il s'agit de
corps d'une autre espece, il faut, outre les équations déterminées, qu'on peut obtenir en attribuant à u dans l'équation indéterminée (F), différentes valeurs connues, il faut, dis-je, en tirer
encore une qui soit analogue à l'équation (E), et
qui exprime en quelque sorte la nature de ces
corps, de même que celle-ci (E) exprime celle
des corps durs ; mais comme cette recherche n'a
qu'un rapport fort indirect aux machines proprement dites, nous nous bornerons ici à examiner
le cas où le degré d'élasticité est le même pour
tous les corps, c'est-à-dire, que nous suppose-
rons qu'en vertu de l'élasticité, les corps exercent
les uns sur les autres des pressions n fois aussi
grandes que si les corps étoient durs, n étant la
même pour tous les corps du système ; nous sup-
poserons de plus que la pression et la restitution
se fassent dans un instant indivisible, quoiqu'en
rigueur cela soit impossible. Cela posé : ·

Les pressions réciproques F devenant $n\,F$,
auront entre elles les mêmes rapports que si les

corps étoient durs; donc leurs résultantes $m\,U$ n'auront point changé de directions, mais seront seulement devenues n fois aussi grandes qu'elles auroient été si les corps avoient été durs; cela posé, puisque W est la résultante de V et U, on a $V \cos Z = W \cos \varUpsilon - U$; ainsi l'équation (E) à laquelle nous cherchons une analogue, peut se mettre sous cette forme $s\,m\,W\,U \cos \varUpsilon - s\,m\,U^2 = 0$; or, suivant ce qu'on vient de dire, il faut, pour appliquer cette équation au cas dont il s'agit ici, mettre $\dfrac{U}{n}$ au lieu de U, sans rien changer à $\varUpsilon$; donc pour le cas que nous examinons, l'équation sera $s\,m\,W \dfrac{U}{n} \cos \varUpsilon - s\, \dfrac{m\,U^2}{n\,2} = 0$; ou en multipliant par n^2, $n\,s\,m\,W\,U \cos \varUpsilon - s\,m\,U^2 = 0$, ou à cause de $W \cos \varUpsilon = V \cos Z + U$ on aura $\dfrac{n}{1-n}\, s\,m\,V\,U \cos Z = s\,m\,U^2$; ainsi cette équation sera pour les corps dont il s'agit ce qu'est l'équation (E) pour les corps durs, et celle-ci même en est le cas particulier où l'on a $n = 1$, comme il est évident.

Lorsque $n = 2$, c'est le cas des corps parfaitement élastiques, et l'équation devient $2\,s\,m\,V\,U \cos Z + s\,m\,U^2 = 0$; mais cette équation relative aux corps parfaitement élastiques, peut s'exprimer d'une manière connue et plus simple, comme il suit: puisque W est la résultante de V et U, on a par la trigonométrie $W^2 = V^2 +$

(37)

$U^2 + 2 V U \cos Z$; et partant $s m W^2 = s m V^2 + s m U^2 + 2 s m V U \cos Z$; ajoutant à cette équation celle trouvée ci-dessus, et réduisant, on a $s m W^2 = s m V^2$, qui est précisément le principe de la conservation des forces vives, c'est-à-dire, que cette conservation est pour les corps parfaitement élastiques, ce qu'est l'équation (E) pour les corps durs, comme nous avions promis de le prouver.

Première Remarque.

XXVII.

Je ne m'arrêterai point aux conséquences particulières que je pourrois tirer de la solution du problême précédent; je remarquerai seulement que les vitesses W, V, U, étant toujours proportionnelles aux trois côtés d'un triangle, la trigonométrie peut fournir les moyens de donner un grand nombre de formes différentes aux équations fondamentales (E) et (F), et je me contenterai d'en indiquer une qui est remarquable, à cause de la méthode imaginée par les géometres, de rapporter les mouvements à trois plans perpendiculaires entre eux; ce qui donne aux solutions beaucoup d'élégance & de simplicité.

Imaginons donc à volonté trois axes perpendiculaires entre eux, et concevons que les vitesses W, V, U et u, soient décomposées chacune en trois autres parallèles à ces axes. Cela posé, nommons :

Celles qui répondent à W, W', W'', W'''.
Celles qui répondent à V, V', V'', V'''.
Celles qui répondent à U, U', U'', U'''.
Celles qui répondent à u, u', u'', u'''.

Maintenant, pour peu qu'on y fasse attention, on verra aisément que la première équation fondamentale (E) peut se mettre sous cette forme $s\,m\,V'\,U' + s\,m\,V''\,U'' + s\,m\,V'''\,U''' = 0$, et la seconde (F) sous celle-ci $s\,m\,u'\,U' + s\,m\,u''\,U'' + s\,m\,u'''\,U''' = 0$, parce qu'en général toute quantité qui est le produit de deux vîtesses A et B, par le cosinus de l'angle compris entre elles, est égale à la somme de trois autres produits $A'\,B' + A''\,B'' + A'''\,B'''$; A', A'', A''', étant la vîtesse A estimée de ces trois axes, et B' B'' B''' étant la vîtesse B estimée dans le sens de ces mêmes axes : c'est-à-dire, A' étant la vîtesse A, et B' la vîtesse B, estimées parallèlement au premier de ces axes ; A'' et B'' les mêmes vîtesses A et B estimées parallèlement au second axe ; A''' et B''' les mêmes vîtesses estimées parallèlement au troisième axe : ce qui se prouve aisément par les éléments de géométrie.

Dans le cas d'équilibre, la première de ces équations transformées se réduit à $0 = 0$, et la seconde, à cause que dans ce cas $W = U$ devient $s\,m\,u'\,W' + s\,m\,u''\,W'' + s\,m\,u'''\,W''' = 0$,

laquelle exprime toutes les conditions de l'équilibre.

Lorsque le mouvement change par degrés insensibles, nous avons trouvé (XXV) que les équations fondamentales deviennent $s\,m\,V\,p\,t\,\cos R$
$-s\,m\,V\,d\,V = o$, et $s\,m\,u\,p\,d\,t\,\cos r - s\,m\,u\,d$
$(V\cos y) = o$; donc en décomposant p en trois
autres forces parallèles aux trois axes, si ces forces composantes sont désignées par p', p'', p''',
les équations précédentes deviendront, la pre-
mière, $s\,m\,V'\,p'\,d\,t + s\,m\,V''\,p''\,d\,t + s\,m\,V'''\,p'''$
$d\,t = s\,m\,V'\,d\,V' + s\,m\,V''\,d\,V'' + s\,m\,V'''\,d\,V'''$,
et la seconde, $s\,m\,u'\,p'\,d\,t + s\,m\,u''\,p''\,d\,t + s\,m$
$u'''\,p'''\,d\,t = s\,m\,u'\,d\,V' + s\,m\,u''\,d\,V'' + s\,m\,u'''$
$d\,V'''$; enfin, dans le cas d'équilibre, la pre-
mière s'évanouira; et la seconde se réduira à $s\,m$
$u'\,p' + s\,m\,u''\,p'' + s\,m\,u'''\,p''' = o$.

Deuxième Remarque.

XXVIII.

Jusqu'ici j'ai regardé les fils, verges, leviers,
etc. comme des corps faisant eux-mêmes partie
du système. Et cette hypothèse est entièrement
conforme à la nature; mais une chose qu'il est
indispensablement nécessaire d'observer, c'est qu'à
parler strictement, il n'y a probablement dans l'uni-
vers aucun point absolument fixe, aucun obstacle absolument immobile; l'hypomochlion d'un

levier ne paroît tel, que parce qu'il est appuyé
sur la terre qui n'est point fixe elle-même, mais
dont la masse est presque infiniment grande en
comparaison de celles dont on considère ordinairement dans les machines l'action et la réaction
les unes sur les autres : pour déplacer l'hypomochlion d'un levier, il faut donc aussi mettre en
mouvement le globe de la terre ; et il y est en
effet, quelques foibles que soient les puissances
qui agissent sur la machine ; la quantité de mouvement qu'elles lui procurent, est égale à la
résistance de l'hypomochlion ; mais cette quantité
finie de mouvement, se distribuant dans une
masse presque infiniment grande, il en résulte à
cette masse une vîtesse presque infiniment petite,
et voilà pourquoi ce mouvement n'est pas sensible, et peut se négliger dans la pratique.

Il suit de-là que ce qu'on appelle obstacles
immobiles en mécanique, ne sont autre chose
que des corps dont la masse est si considérable,
et par conséquent la vîtesse si petite, que leur
mouvement ne peut être observé : ce sera donc
se rapprocher de la nature, que de considérer
les obstacles ou points fixes, comme des corps
mobiles aussi bien que tous les autres, mais d'une
masse infiniment grande, ou ce qui revient au
même, comme des corps d'une densité infinie,
et qui ne diffèrent qu'en ce point de tous les autres
corps du système. Il résultera de là un avantage

considérable, c'est qu'on pourra faire prendre au
système où entreront ces corps, des mouvements
quelconques géométriques; car dès qu'on supposera ces obstacles mobiles comme tous les autres
corps, ils deviendront susceptibles de prendre
des mouvements quelconques; et le système général devra être regardé comme un assemblage de
corps parfaitement mobiles: en conséquence, les
quantités de mouvements, absorbées par les obstacles, pourront s'évaluer comme pour toutes les
autres parties du système; de sorte que si l'on
appelle R la résistance d'un point fixe donné,
cette quantité R sera dans l'équation (F) pour le
point en question, ce qu'est $m\,U$ pour le corps m:
on trouvera donc par cette équation cette même
quantité R comme toutes les autres forces $m\,U$,
ce qui n'auroit pu se faire en considérant les obstacles comme absolument immobiles, sans avoir
recours à quelque nouveau principe mécanique,
qu'il auroit fallu faire concourir avec l'équation
générale (F) pour parvenir à la solution complete
de chaque problême particulier: ainsi cette manière de considérer les points fixes, est non-seulement la plus conforme à la nature, comme
nous l'avons dit ci-dessus, mais encore la plus
simple et la plus facile.

Quant aux fils, verges ou autres portions quelconques du système dont les masses pourront
être supposées infiniment petites, on pourra les

négliger, c'est-à-dire, supposer chacune de leurs molécules *m* égale à zéro, ou ce qui revient au même, regarder leur densité comme infiniment petite ou nulle; notre équation (F) deviendra donc ainsi indépendante de ces quantités, c'est-à-dire, la même que si l'on eût fait abstraction de la masse de ces corps; et c'est ainsi qu'on trouvera aisément la théorie mathématique de chaque machine, c'est-à-dire, en faisant les abstractions dont on a parlé (VIII).

XXIX.

De cette remarque, il résulte que quoiqu'il n'y ait qu'une seule espece de corps dans la nature, on les distingue cependant, pour la facilité des calculs, en trois classes différentes, qui sont, 1°. ceux qu'on considère tels qu'ils sont en effet et que la nature nous les offre, c'est-à-dire, qui sont d'une densité finie; 2°. ceux auxquels on attribue une densité infiniment grande, et qui par cette raison, doivent être regardés comme sensiblement fixes et immobiles; 3°. ceux auxquels on attribue une densité infiniment petite ou nulle, et qui par conséquent n'opposent par leur inertie aucune résistance à leur changement d'état: on regarde ordinairement comme tels dans la pratique, les fils, verges, léviers et généralement tous les corps qui n'influent pas sensiblement par leur propre masse, aux changements qui arrivent dans le système ; mais qui sont seulement regardés comme des moyens de communication entre les différents agents qui le composent.

Troisième Remarque.

XXX.

Après avoir traité de l'équilibre et du mouvement en général, autant que mon objet principal pouvoit le permettre, je vais passer à ce qui regarde plus particulièrement ce qu'on entend communément par machines ; car quoique la théorie de toute espece d'équilibre et du mouvement rentre toujours dans les principes précédénts, puisqu'il n'y a, suivant la première loi, que des corps qui puissent détruire ou modifier le mouvement des autres corps ; cependant il y a des cas où l'on fait abstraction de la masse de ces corps, pour ne considérer que l'effort qu'ils font : par exemple, lorsqu'un homme tire un corps par un fil, ou le pousse par une verge, on n'introduit point dans le calcul la masse de cet homme, ni même l'effort dont il est capable, mais seulement celui qu'il exerce en effet sur le point auquel il est appliqué ; c'est-à-dire, la tension du fil, si c'est en tirant qu'il agit, ou la pression, si c'est en poussant ; et sans considérer si c'est un homme ou un animal, un poids, un ressort, une résistance occasionnée par un obstacle ou par la force d'inertie d'un mobile (1), un frottement, une impulsion causée par le vent ou par un courant, etc. On donne en général le nom de puissance à l'effort exercé par l'agent, c'est-à-dire, à cette pression ou tension par laquelle il agit sur le corps auquel il est appliqué; et l'on compare ces différents efforts sans égard aux agents qui les produisent, parce que la nature des agents ne peut rien changer aux forces qu'ils sont obligés d'exercer pour remplir les différents objets auxquels sont destinées les machines: la machine elle-même, c'est-à-dire, le système des points fixes, obstacles, verges, leviers et autres corps intermédiaires qui servent à transmettre ces différents efforts d'un agent à l'autre; la machine, dis-je, elle-même est considérée comme un corps dépouillé d'inertie;

---

(1) Un corps qu'on force à changer son état de repos ou de mouvement, résiste (XI) à l'agent qui produit le changement; et c'est cette résistance qu'on appelle force d'inertie: pour évaluer cette force, il faut donc décomposer le mouvement actuel du corps en deux, dont l'un soit celui qu'il aura l'instant d'après; car l'autre sera évidemment celui qu'il faudra détruire, pour forcer le corps à son changement d'état; c'est-à-dire, la résistance qu'il oppose à ce changement ou sa force d'inertie, d'où il est aisé de conclure, que *la force d'inertie d'un corps, est la résultante de son mouvement actuel, et d'un mouvement égal et directement opposé à celui qu'il doit avoir l'instant suivant.*

sa propre masse, lorsqu'il est nécessaire d'y avoir égard, soit à cause du mouvement qu'elle absorbe, soit à cause de sa pesanteur ou des autres forces motrices dont elle peut être animée, est regardée comme une puissance étrangère appliquée au système; en un mot, une machine proprement dite, est un assemblage d'obstacles immatériels, et de mobiles incapables de réaction, ou privés d'inertie, c'est-à-dire, (XXIX) un système de corps dont les densités sont infinies ou nulles : à ce système, on imagine que différents agents extérieurs, au nombre desquels on comprend la masse même de la machine, sont appliqués, et se transmettent leur action réciproque par l'entremise de cette machine : c'est la pression ou autre effort exercé par chaque agent sur ce corps intermédiaire, qu'on appelle force ou puissance, et c'est la relation qui existe entre ces différentes forces, dont la recherche est l'objet de la théorie des machines proprement dites. Or, c'est sous ce point de vue, que nous allons maintenant traiter de l'équilibre et du mouvement; mais une force prise dans ce sens, n'en est pas moins une quantité de mouvement perdue par l'agent qui l'exerce, quel que puisse être d'ailleurs cet agent; qu'il agisse sur la machine en la tirant par un cordon, ou en la poussant par une verge; la tension de ce cordon, ou la pression de cette verge, exprime également et l'effort qu'il exerce sur la machine,

E

et la qnantité de mouvement qu'il perd lui-même par la réaction qu'il éprouve : si donc on appelle F cette force, cette quantité F sera la même chose que celle qui est exprimée par $m\,U$ dans nos équations (1); donc si l'on appelle aussi ζ, l'angle compris entre cette force F et la vitesse u, qu'auroit le point où on la suppose appliquée, si l'on faisoit prendre au système un mouvement quelconque géométrique, l'équation générale (F) deviendra $s\,F\,u\cos\zeta = 0$ (AA). C'est donc sous cette forme que nous emploierons désormais cette équation, au moyen de quoi on pourra appliquer

---

(1) Il est évident que la quantité de mouvement perdue $m\,U$, est la résultante du mouvement qu'auroit eu l'instant d'après le corps m, s'il eût été libre, et du mouvemement égal et directement opposé à eclui qu'il prendra réellement ; or, le premier de ces deux mouvements, est lui-même la résultante du mouvement actuel de m, et de sa force motrice absolue ; donc $m\,U$ est la résultante de trois forces qui sont : sa force motrice absolue, sa quantité actuelle de mouvement, et la quantité de mouvement égale et directement opposée à celle qu'il doit avoir l'instant d'après ; mais suivant la note précédente, ces deux dernières quantités de mouvement ont pour résultante la force d'inertie ; donc $m\,U$ ou F est la résultante de la force motrice de m et de sa force d'inertie ; c'est-à-dire, que *la force exercée par un corps quelconque, à chaque instant, est la résultante de sa force motrice absolue, et de sa force d'inertie.*

ce que nous dirons, à quelle espece de force on
voudra imaginer ; et les principes exposés dans
cette première partie, nous serviront à développer les propriétés générales des machines proprement dites, qui font l'objet de la seconde.

SECONDE PARTIE.

Des machines proprement dites.

DÉFINITIONS.

XXXI.

PARMI les forces appliquées à une machine en mouvement, les unes sont telles, que chacune d'entr'elles fait un angle aigu avec la vîtesse du point où elle est appliquée ; tandis que les autres forment des angles obtus avec les leurs : cela posé, j'appellerai les premières *forces mouvantes* ou *sollicitantes ;* et les autres, *forces résistantes :* par exemple, si un homme fait monter un poids par le moyen d'un levier, d'une poulie, d'une vis, etc. il est clair que la pesanteur et la vîtesse du poids forment nécessairement, par leur concours, un angle obtus ; autrement il est visible que le poids descendroit au lieu de monter ; mais la puissance motrice et sa vîtesse forment un angle aigu : ainsi, suivant notre définition, le poids sera la *force résistante*, et la *force* de l'homme sera *sollicitante :* il est visible en effet, que celle-ci tend à favoriser le mouvement actuel de la machine, tandis que l'autre s'y oppose.

On observera que les forces sollicitantes peuvent être dirigées dans le sens même de leurs

vîtesses, puisqu'alors l'angle formé par leurs concours est nul, et par conséquent aigu ; et que les
forces résistantes peuvent agir dans le sens directement opposé à celui de leurs vîtesses, puisqu'a-
lors l'angle formé par leurs concours, est de 180°,
et par conséquent obtus.

Il est à remarquer encore, que telle force qui
est sollicitante, pourroit devenir résistante, si le
mouvement venoit à changer ; que telle force qui
est résistante à un certain instant, peut devenir
sollicitante à un autre instant, et qu'enfin pour en
juger à chaque instant, il faut considérer l'angle
qu'elle fait avec la vîtesse du point où on la suppose appliquée ; si cet angle est aigu, la force sera
sollicitante ; et s'il est obtus, elle sera résistante,
jusqu'à ce que l'angle en question vienne à changer. On voit par-là, que si on fait prendre un
mouvement géométrique à un systême quelconque de puissance, chacune d'elles sera *sollicitante*
ou *résistante* à l'égard de ce mouvement géométrique, suivant que l'angle formé par cette force
et sa vîtesse géométrique, sera aigu ou obtus.

XXXII.

Si une force P se meut avec la vîtesse u, et
que l'angle formé par le concours de u et P soit z,
la quantitée $P \cos z\, u\, dt$ dans laquelle dt exprime l'élément du temps, sera nommée *moment d'activité*, consommé par la force P pendant dt ;

c'est-à-dire, que le *moment d'activité*, consommé
par une force P, dans un temps infiniment court,
est le produit de cette force estimée dans le sens
de sa vîtesse, par le chemin que décrit dans ce
temps infiniment court, le point où elle est appliquée.

J'appellerai *moment d'activité*, consommé par
cette force, dans un temps donné, la somme des
moments d'activité, consommés par elle à chaque
instant, de sorte que $s\,P\cos z\,u\,d\,t$ est le *moment
d'activité*, consommé dans un temps indéterminé
par elle; par exemple, si P est un poids, le *moment d'activité*, consommé dans un temps indéterminé t, sera $P\,s\,u\,d\,t\cos z$; supposons donc
qu'après le temps t, le poids P soit descendu de
la quantité H, on aura évidemment $d\,H = u\,d\,t
\cos z$; donc le *moment d'activité*, consommé pen-
dant $d\,t$ sera $P\,s\,d\,H = P\,H$,

XXXIII.

Lorsqu'il s'agira d'un systême de forces appliquées à une machine en mouvement, j'appellerai
moment d'activité, consommé par toutes les forces
du systême, la somme des *moments d'activité*,
consommée en même temps par chacune des forces qui le composent; ainsi le *moment d'activité*,
consommé par les forces sollicitantes, sera la
somme des *moments d'activité*, consommés en
même temps par chacunes d'elles, et le moment

d'activité, consommé par les forces résistantes, sera la somme des *moments d'activité*, consommés par chacune de ces forces : et comme chaque force résistante fait un angle obtus avec la direction de sa vitesse, le cosinus de cet angle est négatif ; le *moment d'activité*, consommé par les forces résistantes, est donc aussi une quantité négative ; et partant, le *moment d'activité*, consommé par toutes les forces du système, est la même chose que la différence entre le *moment d'activité*, consommé par les forces sollicitantes, et le *moment d'activité*, consommé en même temps par les forces résistantes, considéré comme une quantité positive.

Une force estimée dans un sens directement opposé à celui de sa vitesse, et multipliée par le chemin que décrit dans un temps infiniment court, le point où elle est appliquée, s'appellera *moment d'activité produit* par cette force dans ce temps infiniment court : de sorte que le *moment d'activité*, *consommé*, et le *moment d'activité*, *produit*, sont deux quantités égales, mais de signes contraires ; et qu'il y a entr'elles une différence analogue à celle qu'on trouve (XXI) entre les *moments de quantité de mouvement*, *gagnées et perdues*, par un corps, à l'égard d'un mouvement géométrique.

Je donnerai aussi le nom de *moment d'activité*, *exercé* par une force, à ce que j'ai appelé son *moment d'activité*, *consommé*, si elle est sollicitante, et à ce que j'ai appelé son *moment d'activité*, *produit*, si elle est résistante ; ainsi le *moment d'activité*, *exercé* par une force quelconque, dans un temps infiniment court, est en général le produit de cette force, par le chemin qu'elle décrit dans ce temps infiniment court, et par le cosinus du plus petit des deux angles formés par les directions de cette force et de sa vîtesse ; d'où il suit évidemment que ce *moment d'activité*, *exercé*, est toujours une quantité positive.

On fera, à l'égard des quantités que nous venons d'appeler *moments d'activité*, *produits*, et *moments d'activité*, *exercés*, les mêmes remarques semblables à celles que nous avons faites ci-dessus, au sujet du *moment d'activité*, *consommé* par une puissance ou un système de puissances, dans un temps donné.

Ces définitions admises, je passe au principe général de l'équilibre et du mouvement dans les machines proprement dites, et dont la recherche à été le principal objet de cet Essai.

———————

THÉORÈME FONDAMENTAL.

Principe général de l'équilibre et du mouvement dans les machines.

XXXIV.

Quel que soit l'état de repos ou de mouvement où se trouve un système quelconque de forces appliquées à une machine, si on lui fait prendre tout-à-coup un mouvement quelconque géométrique, sans rien changer à ces forces, la somme des produits de chacune d'elles, par la vitesse qu'aura dans le premier instant le point où elle est appliquée, estimée dans le sens de cette force, sera égale à zéro.

C'est-à-dire, donc qu'en nommant F chacune de ces forces (1), u la vîtesse qu'aura au premier

---

(1) Il ne sera peut-être pas inutile de prévenir une objection qui pourroit se présenter à l'esprit de ceux qui n'auroient pas fait attention à ce qui a été dit (XXX) sur le vrai sens qu'on doit attacher au mot *force*: imaginons, par exemple, dira-t-on, un treuil à la roue et au cylindre duquel soient suspendus des poids par des cordes; s'il y a équilibre, ou que le mouvement soit uniforme, le poids attaché à la roue, sera à celui du cylindre, comme le rayon du cylindre est au rayon de la roue; ce qui est conforme à la proposition. Mais il n'en est pas de même

instant le point où elle est appliquée, si l'on fait
prendre à la machine un mouvement géométrique,

---

lorsque la machine prend un mouvement accéléré
ou retardé; il paroit donc qu'alors les forces ne sont
pas en raison réciproque de leurs vitesses estimées
dans le sens de ces forces, comme il suivroit de la
proposition. La réponse à cela est, que dans le cas
où ce mouvement n'est pas uniforme, les poids en
question ne sont pas les seules forces exercées dans
le systéme, car le mouvement de chaque corps,
changeant continuellement, il oppose aussi à chaque
instant, par son inertie, une résistance à ce changement d'état; il faut donc aussi tenir compte de cette
résistance. Nous avons déja dit (XXX. *V.* la note),
comment cette force doit s'évaluer, et nous verrons
plus bas (XLI), comment on doit la faire entrer
dans le calcul. En attendant, il suffit de remarquer
que les forces appliquées à la machine dont il est ici
question, ne sont pas les poids même, mais les
quantités de mouvement perdues par ces poids
(XXX), lesquelles doivent s'estimer par les *tensions*
des cordons auxquels ils sont suspendus: or, que
la machine soit en repos ou en mouvement, que ce
mouvement soit uniforme ou non, la tension du cordon attaché à la roue, est à celle du cordon attaché
au cylindre, comme le rayon du cylindre est au rayon
de la roue, c'est-à-dire, que ces tensions sont toujours en raison réciproque des vitesses des poids
qu'ils soutiennent; ce qui est d'accord avec la proposition. Mais ces tensions ne sont pas égales aux
poids; elles sont (XXX. *V.* la note) les résultantes

et z l'angle compris entre les directions de F et de u, il faut prouver qu'on aura pour tout le système $sFu\cos z = 0$. Or, cette équation est précisément l'équation (AA) trouvée (XXX) laquelle n'est autre chose au fond que l'équation même fondamentale (F), présentée sous une autre forme.

Il est aisé d'appercevoir que ce principe général n'est à proprement parler, que celui de *Descartes*, auquel on donne une extension suffisante, pour qu'il renferme non-seulement toutes les conditions de l'équilibre entre deux forces, mais encore toutes celles de l'équilibre et du mouvement, dans un système composé d'un nombre quelconque de puissances : aussi la première conséquence de ce théorême, sera ce principe de *Descartes*, rendu complet par les conditions que nous avons vu lui manquer (V).

---

de ces poids et de leurs forces d'inertie, lesquelles sont elles-mêmes (XXX. *V.* la note) les résultantes des mouvements actuels de ces corps, et des mouvements égaux et directement opposés à ceux qu'ils prendront réellement l'instant d'après,

Premier Corollaire.

Principe général de l'équilibre entre deux puissances.

XXXV.

Lorsque deux agents quelconques, appliqués à une machine, se font mutuellement équilibre; si on fait prendre à cette machine un mouvement géométrique, arbitraire; 1°. les forces exercées par les agents, seront en raison réciproque de leurs vitesses estimées dans le sens de ces forces; 2°. l'une de ces puissances fera un angle aigu avec la direction de sa vitesse, et l'autre, un angle obtus avec la sienne.

Car si les forces exercées par les agents, sont nommées F et F'; leurs vîtesses u et u', les angles formés par ces puissances et leurs vîtesses z et z', on aura par le théorème précédent, $F u \cos z + F' u' \cos z' = 0$; donc $F : F' :: - u' \cos z' : u \cos z$, qui est la proportion énoncée par la première partie de ce corollaire, et par laquelle on voit en même temps que le rapport de $\cos z$ à $\cos z'$, est négatif; d'où il suit que l'un de ces angles est nécessairement aigu, et l'autre obtus.

Deuxième Corollaire.

Principe général d'équilibre dans les machines à poids.

XXXVI.

Lorsque plusieurs poids appliqués à une machine quelconque, se font mutuellement équilibre, si l'on fait prendre à cette machine un mouvement quelconque géométrique, la vitesse du centre de gravité du système, estimée dans le sens vertical sera nulle au premier instant.

Car si l'on appelle M la masse totale du système, m celle de chacun des corps qui le composent, u la vitesse absolue de m, V la vitesse du centre de gravité estimée dans le sens vertical, g la gravité, z l'angle formé par u et par la direction de la pesanteur, on aura, suivant le théorème, $s\,m\,g\,u\,\cos z = 0$, mais par les propriétés géométriques du centre de gravité, on a $s\,m\,u\,d\,t\,\cos z = M\,V\,d\,t$ ou $s\,m\,g\,u\,\cos z = M\,V\,g$; donc, puisque le premier membre de cette équation est égal à zéro, le second l'est aussi; donc $V = 0$, ce qu'il falloit prouver.

Pour avoir toutes les conditions de l'équilibre dans une machine à poids, il n'y a donc qu'à faire prendre successivement à la machine différents mouvements géométriques, et égaler dans chacun de ces cas, la vitesse verticale du centre de gravité à zéro.

Troisième Corollaire.

Principe général de l'équilibre entre deux poids.

XXXVII.

Lorsque deux poids se font mutuellement équilibre, si l'on fait prendre à la machine un mouvement quelconque géométrique;

1°. Les vitesses de ces corps, estimées dans le sens vertical, seront en raison réciproque de leurs poids.

2°. L'un de ces corps montera nécessairement, tandis que l'autre descendra.

Cette proposition est une suite manifeste du corollaire précédent, et se déduit plus évidemment encore du corollaire premier.

On peut remarquer en passant, combien il est essentiel pour l'exactitude de toutes ces propositions, que les mouvements imprimés à la machine soient géométriques, et non pas simplement possibles; car la plus légère attention fera voir par quelque exemple particulier, que sans cette condition, toutes ces propositions seroient absurdes.

Remarque.

XXXVIII.

On prend ordinairement pour principe de l'équilibre dans les machines à poids, qu'alors le

centre de gravité du système est au point le plus
bas possible; mais on sait que ce principe n'est
pas généralement vrai; car outre que ce point
pourroit dans certains cas, être au point le plus
haut, il y en a une infinité d'autres où il n'est
ni au point le plus haut, ni au point le plus
bas : par exemple, si tout le système se réduit à
un corps pesant, et que ce mobile soit placé sur
une courbe qui ait un point d'inflexion, dont la
tangente soit horisontale; il restera visiblement
en équilibre, si on le met sur ce point d'inflexion, qui n'est cependant ni le poids le plus
bas, ni le point le plus haut possible.

On peut encore prendre pour principe de
l'équilibre dans une machine à poids, la proposition que nous avons déjà donnée (II), et que
nous allons rapporter encore, pour en donner la
démonstration rigoureuse.

*Pour s'assurer que plusieurs poids appliqués à
une machine quelconque, doivent se faire mutuellement équilibre, il suffit de prouver que si l'on
abandonne cette machine à elle-même, le centre de
gravité du système ne descendra pas.*

Pour le prouver, nommons M la masse totale
du système, m celle de chacun des poids qui le
composent, g la gravité; et supposons que si la
machine ne demeuroit pas en équilibre, comme
je prétends qu'elle doit le faire, la vitesse de m
après le temps t, fût F, la hauteur dont seroit

descendu le centre de gravité au bout du même temps H, et celle dont seroit descendu le corps $m h$; on aura donc, (XXIV) $s m g d h - s m V d V = 0$; donc en intégrant $M g H = \frac{1}{2} s m V^2$; or par hypothèse $H = 0$, donc $s m V^2 = 0$; de plus V^2 est nécessairement positive comme il est évident; donc l'équation $s m V^2 = 0$, ne peut avoir lieu sans qu'on n'ait $V = 0$, c'est-à-dire, sans qu'il y ait équilibre; *ce qu'il falloit prouver.*

Il suit de-là, comme nous l'avons dit (III), qu'il y a nécessairement équilibre dans un systême de poids dont le centre de gravité est au point le plus bas possible; mais nous venons de voir (XXXVIII) que l'inverse n'est pas toujours vraie, c'est-à-dire, que toutes les fois qu'il y a équilibre dans un systême de poids, il ne s'ensuit pas toujours que le centre de gravité soit au point le plus bas possible.

Quatrième Corollaire.

Loix particulières d'équilibre dans les machines.

XXXIX.

S'il y a équilibre entre plusieurs puissances appliquées à une machine, et qu'ayant décomposé toutes les forces du systême, tant celles qui sont
appliquées

appliquées à la machine, que celles qui sont exercées par les obstacles mêmes ou points fixes qui en
font partie; si on les décompose, dis-je, chacune
en trois autres parallèles à trois axes quelconques
perpendiculaires entre eux;

1°. La somme des forces composantes, qui sont
parallèles à un même axe, et conspirantes vers un
même côté, est égale à la somme de celles qui,
étant parallèles à ce même axe, conspirent vers le
côté opposé:

2°. La somme des moments des forces composantes, qui tendent à faire tourner autour d'un même
axe, et qui conspirent dans un même sens, est
égale à la somme des moments de celles qui tendent
à faire tourner autour du même axe, mais en sens
contraire.

Pour démontrer cette proposition, commençons par imaginer qu'à la place de chacune des
forces exercées par la résistance des obtsacles, on
substitue une force active, égale à cette résistance, et dirigée dans le même sens; ce changement n'altère point l'état d'équilibre, et fait de
la machine un systême de puissances parfaitement
libre, c'est-à-dire, dégagé de tout obstacle: cela
posé, si l'on fait prendre à ce systême un mouvement quelconque géométrique, on aura par le
théorême fondamental $s\,F\,u\cos z = 0$, en nommant F chacune de ces forces, u sa vîtesse, et z
l'angle compris entre F et u; donc,

F

1°. Si l'on suppose que u soit la même pour tous les points du système et parallèle à l'un des axes quelconque, le mouvement sera géométrique, et l'équation à cause de u constante, se réduira à $s\, F \cos z = 0$: c'est-à-dire, que la somme des forces du système, estimées dans le sens de la *vitesse u*, imprimée parallèlement à cet axe, sera nulle; ce qui revient évidemment à la première partie de la proposition.

2°. Si l'on fait tourner tout le système autour de l'un, quelconque, des axes, sans rien changer à la position respective des parties qui le composent, ce mouvement sera encore géométrique; u sera proportionnelle à la distance de chaque puissance à l'axe; et partant, pourra s'exprimer par $A\, R$, R exprimant cette distance, et A une constante; donc, l'équation se réduira à $s\, F R \cos z = 0$; ce qui, comme il est aisé de le voir, revient à la seconde partie de la proposition.

Cinquième Corollaire.

Loi particulière concernant les machines dont le mouvement change par degrés insensibles.

X L.

Dans une machine dont le mouvement change par degrés insensibles, le moment d'activité,

consommé dans un temps donné par les forces
sollicitantes, est égal au moment d'activité,
exercé en même temps par les forces résistantes.

C'est-à-dire, (XXXIII), que le *moment d'ac-*
tivité, consommé par toutes les forces du systême,
pendant le temps donné, est égal à zéro; ce qui
sera clair (XXXII), si l'on prouve que le *moment*
d'activité, consommé à chaque instant par ces forces, est nul: or, F exprimant chacune de ces
forces, V sa vîtesse, χ l'angle compris entre F et
V, et dt l'élément du temps, *le moment d'acti-*
vité, consommé par toutes les forces du systême
pendant dt, est (XXXIII), $s\,FV \cos \chi\,dt$; il
faut donc prouver qu'on a $s\,FV \cos \chi\,dt = 0$;
ou $s\,FV \cos \chi = 0$; or, cela est clair par le
théorême fondamental: donc, *etc.*

La loi particulière dont il s'agit ici, est certainement la plus importante de toute la théorie
du mouvement des machines proprement dites:
en voici quelques applications particulières, en
attendant le détail où nous entrerons à son sujet,
dans le scholie qui succédera au corollaire suivant, et qui terminera cet Essai.

XLI.

Supposons donc, par exemple, que les puissances appliquées à la machine, soient des poids:
nommons m la masse de chacun de ces corps,
M la masse totale du systême, g la gravité, V la

vitesse actuelle du corps m, K sa vitesse initiale, t le temps écoulé depuis le commencement du mouvement, H la hauteur dont est descendu le centre de gravité du système pendant le temps t, et enfin, W la vitesse due à la hauteur H.

Cela posé, il faut considérer qu'il y a deux sortes de forces appliquées à la machine; savoir : celles qui viennent de la pesanteur des corps, et celles qui viennent de leur inertie ou résistance qu'ils opposent à leur changement d'état, (note c (XXX)): or, (XXXII) le moment d'activité, consommé pendant le temps t par la première de ces forces, est pour tout le système MgH, ou $\frac{1}{2} M W^2$; voyons maintenant quel est le moment d'activité, consommé par la force d'inertie : la vitesse de m étant V, et devenant l'instant d'après $V + dV$, il est clair (note b (XXX)), que sa force d'inertie estimée dans le sens de V, est $m\, d$ V, ou plutôt $m \dfrac{dV}{dt}$; donc, (XXX), le moment d'activité, exercé par cette force pendant dt, est $m \dfrac{dV}{dt} V\, dt$, ou $m V\, dV$; donc, le moment d'activité, consommé par cette force d'inertie, pendant le temps t, est $\int m V\, dV$, ou en intégrant et complétant l'intégrale $\frac{1}{2} m V^2 - \frac{1}{2} m K^2$; donc le moment d'activité, consommé en même temps par la force d'inertie, de tous les corps du système, sera $\frac{1}{2} \textit{s}\, m V^2 - \frac{1}{2} \textit{s}\, m K^2$; or, cette inertie est une force résistante, puisque c'est par elle que les corps résistent à leur changement d'état: et la pesanteur est ici une force sollicitante, puisque le centre de gravité est supposé descendre; donc, par la proposition de ce corollaire, on doit avoir $M W^2 = s m V^2 - s m K^2$, ou $s m V^2 = s m K^2 + M W^2$: c'est-à-dire, que

Dans une machine à poids, dont le mouvement change par degrés insensibles, la somme des forces vives du système, est après un temps quelconque donné, égale à la somme des forces vives initiales; plus, la somme de force vive qui auroit lieu, si tous les corps du système étoient animés d'une vitesse commune, égale à celle qui est due à la hauteur dont est descendu le centre de gravité du système.

X L I I.

Si le mouvement de la machine est uniforme, on aura continuellement $V = K$, et partant $W^2 = 0$, ou $H = 0$; ce qui nous apprend que

Dans une machine à poids, dont le mouvement est uniforme, le centre de gravité du système reste constamment à la même hauteur.

X L I I I

Puisque $\frac{1}{2} M W^2$ ou $M g H$ est (XXXII) le moment d'activité, produit par un poids $M g$, qu'on fait monter à la hauteur H, il s'ensuit évidemment que

De quelque manière qu'on s'y prenne pour élever un certain poids à une hauteur donnée, il faut que

les forces qui sont employées à produire cet effet, consomment un moment d'activité, égal au produit de ce poids, par la hauteur à laquelle on doit l'élever.

XLIV.

De même, puisque (XLI) le moment d'activité, produit dans un temps donné par la force d'inertie d'un corps, est égal à la moitié de la quantité dont sa force vive augmente pendant ce temps; on peut conclure aussi que

Pour faire naître un certain mouvement quelconque par degrés insensibles dans un système de corps, ou changer celui qu'il a, il faut que les puissances destinées à cet effet, consomment un moment d'activité, égal à la moitié de la quantité dont aura augmenté par ce changement la somme des forces vives du système.

XLV.

Il suit évidemment de ces deux dernières propositions, que pour élever un poids $M g$ à une hauteur H, et lui faire prendre en même temps une vitesse V, il faut, en supposant ce corps en repos au premier instant, que les forces employées à produire cet effet, consomment elles-mêmes un moment d'activité égal à $M g$ $H + \frac{1}{2} M V^2$.

XLVI.

On suppose dans tout ce qui vient d'être dit, comme l'annonce le titre de ce corollaire, que le mouvement change par degrés insensibles; mais, si chemin faisant, il arrivoit un choc ou changement subit dans le systême, ce que nous venons de dire n'auroit plus lieu. Supposons, par exemple, qu'au moment où arrive le choc, le centre de gravité du systême soit descendu de la hauteur h; qu'à ce même instant, la somme des forces vives soit X immédiatement avant le choc, et Y immédiatement après; nommons Q le moment d'activité qu'auront à consommer les forces mouvantes pendant tout le temps du mouvement, et q celui qu'elles auront à consommer depuis le commencement jusqu'à l'époque de la percussion: supposons enfin, pour plus de simplicité, que le systême soit en repos au premier instant et au dernier, il est clair (XLV.) qu'on aura $q = M g h + \frac{1}{2} X$, et que par la même raison, le moment d'activité à consommer par les forces mouvantes après le choc, c'est-à-dire, $Q - q$ sera $M g (H - h) - \frac{1}{2} Y$, donc $Q = M g H + \frac{1}{2} X - \frac{1}{2} Y$; or, (XXIII) il est clair que $X >$ Y, donc, le moment d'activité à consommer pour élever dans ce cas M à la hauteur H, est nécessairement plus grand que s'il n'y avoit point de choc, puisque dans ce cas, on auroit simplement $Q = M g H$ (XLIII).

. Il suit de là, que sans consommer un plus grand moment d'activité, les forces mouvantes peuvent, en évitant qu'il y ait choc, élever le même poids à une hauteur plus grande H, car alors on aura (XLV) $Q = M g H'$, ou $H' = \frac{Q}{M g}$, tandis que dans le cas présent, on a $H = \frac{Q - \frac{1}{2}(X - Y)^2}{M g}$ d'où l'on voit que X étant plus grande que Y, il faut nécessairement qu'on ait aussi $H' > H$.

Sixième Corollaire.

Des machines hydrauliques.

XLVII.

On peut regarder un fluide comme l'assemblage d'une infinité de corpuscules solides, détachés les uns des autres; on peut donc appliquer aux machines hydrauliques tout ce que nous avons dit des autres machines: ainsi, par exemple, du corollaire premier (XXXV), on peut conclure, que si une masse fluide, sans pesanteur, étant enfermée de tout côté dans un vase, et qu'ayant fait à ce vase deux petites ouvertures égales, on y applique des pistons; les forces qui agiront sur la masse fluide, en poussant ces pistons, ne peuvent qu'être égales, si elles se font mutuellement équilibre; c'est-à-dire, donc que dans une masse fluide, la pression se répand également en tout sens ; c'est le principe fondamental de l'équilibre des fluides, qu'on regarde ordinairement comme une vérité purement expérimentale : on prouvera de même (XXV) que la conservation des forces vives a lieu dans les fluides incompressibles, dont le mouvement change par degrés insensibles ; et généralement enfin tout ce que nous avons prouvé d'un système de corps durs, est également vrai pour une masse de fluide incompressible.

S c h o l i e.

XLVIII.

Ce scholie est destiné au développement du principe énoncé dans le cinquième corollaire ; cette proposition renferme en effet la principale partie de la théorie des machines en mouvement, parce que la plupart d'entr'elles sont mues par des agents qui ne peuvent exercer que des forces mortes ou de pression ; tels sont tous les animaux, les ressorts, les poids, *etc.* ce qui fait que la machine change ordinairement d'état par degrés insensibles. Il arrive même le plus souvent que cette machine passe bien vîte à l'uniformité de mouvement ; en voici la raison :

Les agents qui font mouvoir cette machine, se trouvant d'abord un peu au dessus des forces résistantes, font naître un petit mouvement qui s'accélère ensuite peu-à-peu; mais soit que par une suite nécessaire de cette accélération, la force sollicitante diminue, soit que la résistance augmente, soit enfin qu'il survienne quelque variation dans les directions, il arrive presque toujours que le rapport des deux forces s'approche de plus en plus de celui en vertu duquel elles pourroient se faire mutuellement équilibre: alors ces deux forces se détruisent, et la machine ne se meut plus qu'en vertu du mouvement acquis, lequel, à cause de l'inertie de la matière, reste ordinairement uniforme.

X L I X.

Pour comprendre encore mieux comment cela doit arriver, il n'y a qu'à faire attention au mouvement que prend un navire qui a le vent en poupe; c'est une espece de machine animée par deux forces contraires qui sont l'impulsion du vent et la résistance du fluide sur lequel il vogue: si la première de ces deux forces qu'on peut regarder comme sollicitante, est la plus grande, le mouvement du navire s'accélérera; mais cette accélération a nécessairement des bornes, par deux raisons; car, plus le mouvement du navire s'accélère, 1°. plus il est soustrait à l'impulsion du vent; 2°. plus au contraire la résistance de l'eau augmente: par conséquent, ces deux forces tendent à l'égalité: lorsqu'elles y seront parvenues, elles se détruiront mutuellement; et partant, le navire sera mu comme un corps libre, c'est-à-dire, que sa vîtesse sera constante. Si le vent venoit à baisser, la résistance de l'eau surpasseroit la force sollicitante; le mouvement du navire se ralentiroit; mais par une suite nécessaire de ce ralentissement, le vent agiroit plus efficacement sur les voiles; et la résistance de l'eau diminueroit en même temps: ces deux forces tendroient donc encore à l'égalité, et la machine arriveroit de même à l'uniformité de mouvement.

L.

La même chose arrive lorsque les forces mouvantes sont des hommes, des animaux ou autres agents de cette nature: dans les premiers instants, le moteur est un peu au dessus de la résistance; de là naît un petit mouvement qui s'accélère peu-à-peu, par les coups répétés de la force mouvante; mais l'agent lui-même est obligé de prendre un mouvement accéléré, afin de rester attaché au corps auquel il imprime le mouvement. Cette accélération qu'il se procure à lui-même, consomme une partie de son effort; de sorte qu'il agit moins efficacement sur la machine, et que le mouvement de celle-ci s'accélérant de moins en moins, finit par devenir bientôt uniforme. Par exemple, un homme qui pourroit faire un certain effort dans le cas d'équilibre, en feroit un beaucoup moindre, si le corps auquel il est appliqué lui céde, et qu'il soit obligé de le suivre pour, agir sur lui: ce n'est pas que le travail absolu de cet homme soit moindre, mais c'est que son effort est partagé en deux, dont l'un est employé à mettre la masse même de l'homme en mouvement, et l'autre transmis à la machine. Or, c'est de ce dernier seul que l'effet se manifeste dans l'objet qu'on s'est proposé.

Je continuerai cependant de considérer les machines sous un point de vue plus général: ainsi je placerai dans ce scholie plusieurs réflexions applicables au mouvement varié; je supposerai seulement que cette variation se fait par degrés insensibles, et je prouverai que cela doit être en effet, lorsqu'on veut les employer de la manière la plus avantageuse possible.

L I.

Désignons donc par Q le moment d'activité, consommé par les forces sollicitantes dans un temps donné t, et par q le moment d'activité exercé en même temps par les forces résistantes: cela posé, quel que soit le mouvement de la machine, nous aurons toujours, par le cinquième corollaire $Q = q$; de sorte, par exemple, que si chacune F des forces sollicitantes, est constante, sa vîtesse V uniforme, et l'angle Z formé par les directions de F et V, toujours nul, on aura au bout du

temps t s $FVt = q$; et si toutes les forces sollicitantes se réduisent à une seule, on aura par conséquent $FVt = q$ (XXXII et XXXIII).

L I I.

On peut en général regarder le moment q
d'activité, exercé par les forces résistantes, comme
l'effet produit par les forces sollicitantes; par exemple, lorsqu'il s'agit d'élever un poids P à une hauteur donnée H, il est tout simple de regarder
l'effet produit par la force mouvante, comme
étant en raison composée du poids et de la hauteur à laquelle il a fallu l'élever; de sorte que PH
est ce qu'on entend alors naturellement par l'effet
produit. Or, d'un autre côté, cette quantité
PH est précisément ce que nous avons appelé
moment d'activité, exercé par la force résistante
P; donc ce moment d'activité, ou q, est ce qu'on
entend naturellement, dans ce cas, par l'effet
produit.

Or, dans les autres cas, il est évident que q
est toujours une quantité analogue à celle dont il
vient d'être question; c'est pourquoi j'appellerai
souvent dans la suite cette quantité, q, *effet produit*: ainsi, par *effet produit*, j'entendrai le moment d'activité, exercé par les forces résistantes;
de sorte qu'en vertu de l'équation $Q = q$, on
peut établir pour regle générale, que *l'effet produit dans un temps donné par un systéme quelconque*

de forces mouvantes , est égal au moment d'activité consommé en même temps par toutes ces forces.

L I I I.

On voit par l'équation $FVt = q$, trouvée dans l'article précédent, qu'il est inutile de connoître la figure d'une machine, pour savoir quel effet peut produire une puissance qui lui est appliquée, lorsqu'on connoît celui qu'elle pourroit produire sans machine: supposons, par exemple, qu'un homme soit capable d'exercer un effort continuel de 25^{tt}, en se mouvant continuellement lui-même avec une vîtesse de trois pieds par seconde; cela posé, lorsqu'on l'appliquera à une machine, le moment d'activité FVt qu'exercera cet homme, sera (XXXII) 25^{tt} 3 p^l. t, c'est-à-dire, qu'on aura $FVt = $ 25^{tt} 3 p^l. t, t exprimant le nombre des secondes; donc, à cause de $FVt = q$, on aura $q = $ 25^{tt} 3 p^l. t, quelle que puisse être la machine; donc, l'effet q est absolument indépendant de la figure de cette machine, et ne peut jamais surpasser celui que la puissance est en état de produire naturellement et sans machine.

Ainsi, par exemple, si cet homme avec son effort de 25^{tt}, et sa vîtesse de trois pieds par seconde, est en état avec une machine donnée, ou sans machine, d'élever dans un temps donné, un poids p à une hauteur H, on ne peut inventer aucune machine par laquelle il soit possible, avec le même travail, (c'est-à-dire, la même force et la même vîtesse que dans le premier cas), d'élever dans le temps donné, le même poids à une plus grande hauteur, ou un poids plus grand à la même hauteur, ou enfin le même poids à la même hauteur dans un temps plus court: ce qui est évident, puisqu'alors q étant (XXXII) égal à PH, on a par l'article précédent, $PH = 25^e$ 3 p^i. t.

LIV.

L'avantage que procurent les machines, n'est donc pas de produire de grands effets avec de petits moyens, mais de donner à choisir entre différents moyens qu'on peut appeler égaux, celui qui convient le mieux à la circonstance présente. Pour forcer un poids P à monter à une hauteur proposée, un ressort à se fermer d'une quantité donnée, un corps à prendre par degrés insensibles un mouvement donné, ou enfin tel autre agent que ce soit, à produire un moment quelconque donné d'activité, il faut que les forces mouvantes qui y sont destinées, consomment elles-mêmes un moment d'activité, égal au premier; aucune machine ne peut en dispenser; mais comme ce moment résulte de plusieurs termes ou facteurs, on peut les faire varier à volonté, en diminuant la force aux dépens du temps, ou la vîtesse aux dépens de la force; ou bien, en employant deux ou plusieurs forces au lieu d'une; ce qui donne une infinité de ressources pour produire le moment d'activité nécessaire; mais quoi qu'on fasse, il faut toujours que ces moyens soient égaux, c'est-à-dire, que le moment d'activité consommé par les forces sollicitantes, soit égal à l'effet ou moment exercé en même temps par les forces résistantes.

L V.

Ces réflexions paroissent suffisantes pour désabuser ceux qui croient qu'avec des machines chargées de leviers arrangés mystérieusement, on pourroit mettre un agent, si foible qu'il fût, en état de produire les plus grands effets: l'erreur vient de ce qu'on se persuade qu'il est possible d'appliquer aux machines en mouvement, ce qui n'est vrai que pour le cas d'équilibre; de ce qu'une petite puissance, par exemple, peut tenir en équilibre un très-grand poids, beaucoup de personnes croient qu'elle pourroit de même élever ce poids aussi vîte qu'on voudroit; or, c'est une erreur très-grande, parce que, pour y réussir, il faudroit que l'agent se procurât à lui-même une vîtesse au dessus de ses facultés, ou qui du moins lui feroit perdre une partie d'autant plus grande de son effort sur la machine, qu'il seroit obligé de se mouvoir plus vîte. Dans le premier cas, l'agent n'a d'autre objet à remplir, que de faire un effort

capable

capable de contrebalancer le poids; dans le second, il faut qu'oûtre cet effort, il en fasse encore un autre pour vaincre l'inertie, et du corps auquel il imprime le mouvement, et de sa propre masse; l'effort total qui, dans le premier cas, seroit employé tout entier à vaincre la pesanteur du corps, se partage donc ici en deux, dont le premier continue de faire équilibre au poids, et l'autre produit le mouvement. On ne peut donc augmenter l'un de ces efforts, qu'aux dépens de l'autre; et voilà pourquoi l'effet des machines en mouvement, est toujours tellement limité, qu'il ne peut jamais surpasser le moment d'activité exercé par l'agent qui le produit.

C'est sans doute faute de faire une attention suffisante à ces différents effets d'une même machine considérée tantôt en repos, et tantôt en mouvement, que des personnes auxquelles la saine théorie n'est point inconnue, s'abandonnent quelquefois aux idées les plus chimériques, tandis qu'on voit de simples ouvriers faire valoir, par une espece d'instinct, les propriétés réelles des machines, et juger très-bien de leurs effets. *Archimede* ne demandoit qu'un levier et un point fixe pour soulever le globe de la terre; comment donc se peut-il faire, dit-on, qu'un homme aussi fort qu'*Archimede* ne puisse pas, quand même il seroit muni de la plus belle machine du monde, élever un poids de cent livres, en une heure de témps, à une hauteur médiocre donnée? C'est que l'effet d'une machine en repos, et celui d'une machine en mouvement, sont deux choses fort différentes, et en quelque chose hétérogenes: dans le premier cas, il s'agit de détruire, d'empêcher le mouvement; dans le second, l'objet est de le faire naître et de l'entretenir; or, il est clair que ce dernier cas exige une considération de plus que le premier; savoir la vîtesse réelle de chaque point du système; mais on pourra sentir mieux la raison de cette différence, par la remarque suivante.

Les points fixes et obstacles quelconques, sont des forces purement passives, qui peuvent absorber un mouvement, si grand qu'il soit, mais qui ne peuvent jamais en faire naître un, si petit qu'on veuille l'imaginer, dans un corps en repos: or, c'est improprement que dans le cas d'équilibre, on dit d'une petite puissance, qu'elle en détruit une grande: ce n'est pas par la petite puissance, que la grande est détruite; c'est par la résistance des points fixes; la petite puissance ne détruit réellement qu'une petite partie de la grande, et les obstacles font le reste. Si *Archimede* avoit eu ce qu'il demandoit, ce n'est pas lui qui auroit soutenu le globe de la terre, c'est son point fixe; tout son art auroit consisté, non à redoubler d'effort pour lutter contre la masse de ce globe, mais à mettre en opposition les deux grandes forces,

l'une active, l'autre passive, qu'il auroit eues à
sa disposition: si au contraire il eût été question
de faire naître un mouvement effectif, alors *Archimede* auroit été obligé de le tirer tout entier de
son propre fonds; aussi n'auroit-il pu être que
très-petit, même après plusieurs années: n'attri-
buons donc point aux forces actives, ce qui n'est
dû qu'à la résistance des obstacles, et l'effet ne
paroîtra pas plus disproportionné à la cause,
dans les machines en repos, que dans les machines
en mouvement.

L V I.

Quel est donc enfin le véritable objet des machines en mouvement? Nous l'avons déjà dit;
c'est de procurer la faculté de faire varier à volonté, les termes de la quantité Q, ou *momentum*
d'activité, qui doit être exercé par les forces mouvantes. Si le temps est précieux, que l'effet doive
être produit dans un *temps très-court*, et qu'on
n'ait cependant qu'une force capable de peu de
vîtesse, mais d'un grand effort, on pourra trouver
une machine pour suppléer la vîtesse nécessaire
par la force: s'il faut au contraire élever un poids
très-considérable, et qu'on n'ait qu'une foible
puissance, mais capable d'une grande vîtesse, on
pourra imaginer une machine avec laquelle l'agent
sera en état de compenser par sa vîtesse, la force
qui lui manque: enfin, si la puissance n'est capable

ni d'un grand effort, ni d'une grande vîtesse, on pourra encore, avec une machine convenable, lui faire produire l'effet désiré ; mais alors on ne pourra se dispenser d'employer beaucoup de temps ; et c'est en cela que consiste ce principe si connu, que *dans les machines en mouvement, on perd toujours en temps ou en vîtesse ce qu'on gagne en force.*

Les machines sont donc très-utiles, non en augmentant l'effet dont les puissances sont naturellement capables, mais en modifiant cet effet : on ne parviendra jamais par elles, il est vrai, à diminuer la dépense ou *momentum* d'activité, nécessaire pour produire un effet proposé ; mais elles pourront aider à faire de cette quantité une répartition convenable au dessein qu'on a en vue : c'est par leur secours qu'on réussira à déterminer, sinon le mouvement absolu de chaque partie du systême, du moins à établir entre ces différents mouvements particuliers, les rapports qui conviendront le mieux ; c'est par elles enfin qu'on donnera aux forces mouvantes, les situations et directions les plus commodes, les moins fatigantes, les plus propres à employer leurs facultés de la manière la plus avantageuse.

LVII.

Ceci nous conduit naturellement à cette question intéressante : quelle est la meilleure manière d'employer des puissances données, et dont l'effet naturel est connu, en les appliquant aux machines en mouvement? C'est-à-dire, quel est le moyen de leur faire produire le plus grand effet possible?

La solution de ce problème dépend des circonstances particulières ; mais on peut faire là-dessus des observations générales et applicables à tous les cas : en voici quelques-unes des plus essentielles.

L'effet produit étant la même chose (LII) que le moment d'activité exercé par les forces résistantes, la condition générale est, que q soit un *maximum* ; or, q ne pouvant jamais surpasser Q, il faut, 1°. que la quantité Q soit elle-même la plus grande possible ; 2°. que tout ce moment Q soit employé uniquement à produire l'effet proposé.

Pour faire que Q soit un *maximum*, il faut considérer qu'elle dépend de quatre choses, savoir ; de la quantité de force exercée par l'agent qui doit produire l'effet q, de sa vîtesse, de sa direction, et du temps pendant lequel il agit. Or, 1°. quant à ce qui regarde la direction de la force, il est évident que cette puissance doit être, toutes choses égales d'ailleurs, dirigée dans le même sens que sa vîtesse ; car le moment d'activité qu'exerce pendant $d\,t$ une puissance F dont la vîtesse est V, et l'angle compris entre F et V, Z, étant (XXXII) $F V d t \cos Z$, il est clair que ce produit ne sera jamais plus grand que lorsque $\cos Z$ sera égal au sinus total, c'est-à-dire, lorsque la force et sa vîtesse seront dirigées dans le même sens; 2°. quant à ce qui regarde l'intensité de la force exercée, sa vîtesse, et le temps pendant lequel elle est exercée; on ne doit point déterminer ces choses d'une manière absolue, mais seulement mettro entr'elles les rapports que l'expérience aura fait connoître pour les plus avantageux : par exemple, on a reconnu, je suppose, qu'un homme attaché pendant huit heures par jour à une manivelle d'un pied de rayon, peut faire continuellement un effort de 25 ^{tt}, en faisant un tour en deux secondes, ce qui fait à peu-près la vîtesse de trois pieds par seconde; mais si l'on forçoit cet homme à aller beaucoup plus vîte, croyant par là avancer la besogne, on la retarderoit, parce qu'il ne seroit plus en état de faire un effort de 25 ^{tt}, ou ne pourroit plus soutenir un travail de huit heures par jour. Si au contraire, on diminuoit la vîtesse, la force augmenteroit, mais dans un moindre rapport, et le moment d'activité diminueroit encore : ainsi, suivant l'expérience, pour que ce moment soit un *maximum*, il faut proportionner la machine, de manière à conserver à la puissance la vîtesse de trois pieds par seconde, et ne le faire travailler qu'environ huit heures par jour.

On sent bien que chaque espèce d'agent a, eu
égard à sa nature ou constitution physique, un
maximum analogue à celui dont on vient de parler, et que ce *maximum* ne peut en général se
trouver que par expérience.

LVIII.

Cette première condition étant remplie, il ne
restera donc plus, pour faire produire à une machine donnée, le plus grand effet possible, qu'à
faire ensorte que toute la quantité Q soit employée à produire cet effet; car si cela est ainsi,
on aura $q = Q$; et c'est tout ce qu'on peut pré-
tendre, puisque jamais Q ne peut être moindre
que q.

Or, pour remplir cette condition, je dis premièrement, qu'on doit éviter tout choc ou changement brusque quelconque; car il est facile d'appliquer à tous les cas imaginables, le raisonnement qui a été fait (XLVII) sur les machines à
poids; d'où il suit que toutes les fois qu'il y a
choc, il y a en même temps perte de moment
d'activité de la part des forces sollicitantes; perte
si réelle, que l'effet en est nécessairement diminué,
comme nous l'avons fait voir par les machines à
poids, dans l'article qui vient d'être cité: c'est
donc avec raison que nous avons avancé (LI),
que pour faire produire aux machines le plus
grand effet possible, il faut nécessairement qu'elles

ne changent jamais le mouvement, que par degrés insensibles; il en faut seulement excepter
celles qui, par leur nature même, sont sujettes à
éprouver différentes percussions, comme sont la
plupart des moulins; mais dans ce cas-là même,
il est clair qu'on doit éviter tout changement subit, qui ne seroit pas essentiel à la constitution de
la machine.

LIX.

On peut conclure de là, par exemple, que
le moyen de faire produire le plus grand effet
possible à une machine hydraulique, mue par un
courrant d'eau, n'est pas d'y adapter une roue
dont les aîles reçoivent le choc du fluide. En
effet, deux raisons empêchent qu'on ne produise
ainsi le plus grand effet: la première est celle que
nous venons de dire, savoir qu'il est essentiel
d'éviter toute percussion quelconque; la seconde
est, qu'après le choc du fluide, il a encore une
vîtesse qui lui reste en pure perte, puisqu'on
pourroit employer ce reste à produire encore un
nouvel effet qui s'ajouteroit au premier. Pour faire
la machine hydraulique la plus parfaite, c'est-à-
dire, capable de produire le plus grand effet possible, le vrai noeud de la difficulté consisteroit
donc, 1°. à faire en sorte que le fluide perdît
absolument tout son mouvement par son action
sur la machine, ou que du moins il ne lui en

restât précisément que la quantité nécessaire pour s'échapper après son action; 2°. à ce qu'il perdît tout ce mouvement par degrés insensibles, et sans qu'il y eût aucune percussion, ni de la part du fluide, ni de la part des parties solides entr'elles: peu importeroit d'ailleurs quelle fût la forme de la machine, car une machine hydraulique qui remplira ces deux conditions, produira toujours le plus grand effet possible; mais ce problême est très-difficile à résoudre en général, pour ne pas dire impossible; peut-être même que dans l'état physique des choses, et eu égard à la simplicité, il n'y a rien de mieux que les roues mues par le choc; et dans ce cas, comme il est impossible de remplir à la fois les deux conditions desirables, que plus on voudra faire perdre au fluide de son mouvement pour approcher de la première condition, plus le choc sera fort; que plus au contraire on voudra modérer le choc pour approcher de la seconde, moins le fluide perdra de son mouvement: on sent qu'il y a un milieu à prendre, au moyen duquel on déterminera, sinon d'une manière absolue, au moins eu égard à la nature de la machine, celle qui sera capable du plus grand effet.

L X.

Une autre condition générale qui n'est pas moins importante, lorsqu'on veut que les machines

produisent le plus grand effet possible, c'est de
faire ensorte que les forces sollicitantes ne fassent
naître aucun mouvement inutile à l'objet qu'on
se propose: si mon but, par exemple, est d'élever à une hauteur donnée la plus grande quantité
d'eau possible, soit avec une pompe ou autrement, je dois faire ensorte que l'eau, en arrivant
dans le réservoir supérieur, n'ait précisément
qu'autant de vîtesse qu'il lui en faut pour s'y rendre, car toute celle qu'elle auroit au delà, con-
sommeroit inutilement l'effort de la puissance
motrice. Il est clair en effet (XLV) que dans ce
cas cette puissance auroit à consommer un moment d'activité inutile, et qui seroit égal à la
moitié de la force vive avec laquelle l'eau seroit
arrivée dans le réservoir.

Il n'est pas moins évident que pour faire produire aux machines le plus grand effet possible,
on doit éviter ou diminuer, du moins autant que
faire se peut, les forces passives, telles que le
frottement, la roideur des cordes, la résistance
de l'air, lesquelles sont toujours, dans quelque
sens que se meuve la machine, au nombre des
forces que j'ai nommées résistantes (1).

_____

(1) On parle souvent des forces passives; mais qu'est-
ce qu'une force passive, qu'est-ce qui la différencie
d'une force active? Je crois qu'on n'a pas encore
répondu à cette question, et même qu'on ne se l'est

Enfin, il est aisé d'étendre ces remarques particulières; et mon objet n'est pas d'entrer là-dessus dans un plus grand détail.

L X I.

On peut conclure de ce que nous venons de dire au sujet du frottement et autres forces passives, que le mouvement perpétuel est une chose absolument impossible, en n'employant, pour le produire, que des corps qui ne seroient sollicités par aucune force motrice, et même des corps pesants; car ces forces passives auxquelles on ne peut se soustraire, étant toujours résistantes, il est évident que le mouvement doit se ralentir continuellement : et d'après ce que nous avons dit (XLV), on voit que si les corps ne sont sollicités par aucune force motrice, la somme des forces vives sera réduite à rien; c'est-à-dire, que la machine sera réduite au repos, lorsque le

---

jamais faite. Or, il me semble que le caractère distinctif des forces passives, consiste en ce qu'elles ne peuvent jamais devenir sollicitantes, quel que soit ou puisse être le mouvement de la machine, au lieu que les forces actives peuvent agir, tantôt en qualité de forces sollicitantes, et tantôt en qualité de forces résistantes. Sur ce pied, les obstacles et points fixes sont évidemment des forces passives, puisqu'ils ne peuvent agir ni comme forces sollicitantes, ni comme forces résistantes (XXXI).

moment d'activité, produit par le frottement depuis le commencement du mouvement, sera devenu égal à la demi-somme des forces vives initiales : et si les corps sont pesants, le mouvement finira, lorsque le moment produit par les frottements, sera égal à la demi-somme des forces vives initiales, plus la moitié de la force vive qui auroit lieu, si tous les points du système avoient une vîtesse commune, égale à celle qui est due à la hauteur du point ou étoit le centre de gravité dans le premier instant du mouvement, au dessus du point le plus bas où il puisse descendre ; ce qui est évident par l'article (XLII).

Il est aisé d'appliquer les mêmes raisonnements au cas où il y a des ressorts, et en général, à tous ceux où, abstraction faite du frottement, les forces sollicitantes sont obligées, pour faire passer la machine d'une position à une autre, d'exercer un moment d'activité aussi grand que celui qui est produit par les forces résistantes, lorsque la machine revient de cette dernière position à la première.

Le mouvement finiroit bien plus vîte encore, s'il arrivoit quelque percussion, puisque la somme des forces vives, diminue toujours en pareil cas (XXIII).

Il est donc évident qu'on doit désespérer absolument de produire ce qu'on appelle un mouvemet perpétuel, s'il est vrai que toutes les forces motrices qui existent dans la nature, ne soient autre chose que des attractions, et que cette force ait pour propriété générale, comme il le paroît, d'être toujours la même à distances égales, entre des corps donnés, c'est-à-dire, d'être une fonction qui ne varie que dans le cas où la distance de ces corps varie elle-même.

L X I I.

Une observation générale qui résulte de tout ce qui vient d'être dit, c'est que cette espece de quantité, à laquelle j'ai donné le nom de *moment d'activité*, joue un très-grand rôle dans la théorie des machines en mouvement: car c'est en général cette quantité qu'il faut économiser le plus qu'il est possible, pour tirer d'un agent tout l'effet dont il est capable.

S'agit-il d'élever un poids, de l'eau par exemple, à une hauteur donnée; vous en éleverez d'autant plus dans un temps donné, non que vous aurez consommé une plus grande quantité de force, mais que vous aurez exercé un plus grand moment d'activité (XLIV).

Qu'il soit question de faire tourner la meule d'un moulin, soit par le choc de l'eau, soit par le vent, soit par la force des animaux, ce n'est pas à faire que le choc de l'eau, de l'air, ou l'effort de l'animal soit le plus grand, que vous devez vous attacher; mais à faire consommer à ces agents le plus grand moment d'activité possible.

Veut-on faire un vuide quelconque dans l'air, de quelque manière qu'on s'y prenne, il faudra, pour y parvenir, consommer un *moment d'activité* aussi grand que celui qui seroit nécessaire pour élever à trente deux pieds de hauteur, un volume d'eau égal au vuide qu'on veut occasionner.

Est-ce un vuide dans une masse d'eau indéfinie comme la mer; il faudra consommer pour cela le même *moment d'activité* que si la mer étoit un vuide, le vuide qu'on veut faire un volume d'eau de mer, et qu'il fallût élever ce volume à la hauteur du niveau de la mer.

Est-ce dans un vase de figure donnée, qu'il faut produire un vuide? On ne peut visiblement y parvenir, sans faire monter le centre de gravité de la masse totale du fluide d'une quantité déterminée par la figure du vase; il faudra donc consommer un *moment d'activité* égal à celui qui seroit nécessaire pour élever toute l'eau du vase d'une quantité égale à celle dont il faut que monte le centre de gravité du fluide.

Dans une machine en repos, où il n'y a d'autre force à vaincre que l'inertie des corps, voulez-vous y faire naître un mouvement quelconque, par degrés insensibles, le *moment d'activité* que vous aurez à consommer, sera égal à la demi somme des forces vives que vous y ferez naître et s'il est seulement question de changer le mouvement qu'elle a déjà, le *moment d'activité* à produire sera seulement la quantité dont cette demi-somme augmentera par le changement (XLV).

Enfin, supposons qu'on ait un système quelconque de corps, que ces corps s'attirent les uns les autres, en raison d'une fonction quelconque de leurs distances; supposons même, si l'on veut, que cette loi ne soit pas la même pour toutes les parties du système, c'est-à-dire, que cette attraction suive quelle loi on voudra, (pourvu qu'entre deux corps donnés, elle ne varie que lorsque la distance de ces corps varie elle-même), et qu'il soit question de faire passer le système d'une position quelconque donné à une autre: cela posé, quelle que soit la route qu'on fera prendre à chacun des corps, pour remplir cet objet, qu'on mette tous ces corps en mouvement à la fois, ou les uns après les autres, qu'on les conduise d'une place à l'autre, par un mouvement rectiligne ou curviligne, et varié d'une manière quelconque, (pourvu qu'il n'arrive aucun choc ni changement brusque); qu'on emploie enfin quelles machines on voudra, même à ressort, pourvu que, dans ce cas, on remette à la fin les ressorts au même état de tension où on les a pris au premier instant; le *moment d'activité* qu'auront à consommer, pour produire cet effet, les agents extérieurs à employer mouvoir ce système, sera toujours le même, en supposant que le système soit en repos au premier instant du mouvement, et au dernier.

Et si outre cela il s'agit de faire naître dans le système un mouvement quelconque, ou qu'il soit déjà en mouvement au premier instant, et qu'il s'agisse de modifier ou changer ce mouvement, le *moment d'activité* qu'auront à consommer les agents extérieurs, sera égal à celui qu'il faudroit consommer, s'il s'agissoit seulement de changer la position du système, sans lui imprimer de mouvement, (c'est-à-dire, considéré comme en repos au premier instant et au dernier); plus, la moitié de la quantité dont il faudra augmenter la somme des forces vives.

Il importe donc fort peu, quant à la dépense ou *momentum* d'activité à consommer, que les forces employées soient grandes ou petites, qu'elles emploient telles ou telles machines, qu'elles agissent simultanément ou non; ce moment d'activité est toujours égal au produit d'une certaine force, par une vîtesse et par un temps, ou la somme de plusieurs produits de cette nature; et cette somme doit être toujours la même, de quelque manière qu'on s'y prenne : les agents ne gagneront donc jamais rien d'un côté, qu'ils ne le perdent de l'autre.

Pour conclusion, qu'en général on ait un système quelconque de corps animés, de forces

motrices

motrices quelconques, et que plusieurs agents extérieurs, comme des hommes ou des animaux, soient employés à mouvoir ce système en différentes manières quelconques, soit par eux-mêmes, soit par des machines: cela posé:

Quel que soit le changement occasionné dans le système, le moment d'activité, consommé pendant un temps quelconque par les puissances extérieures, sera toujours égal à la moitié de la quantité dont la somme des forces vives aura augmenté pendant ce temps, dans le système des corps auxquels elles sont appliquées: moins la moitié de la quantité dont auroit augmenté cette même somme de forces vives, si chacun des corps s'étoit mu librement sur la courbe qu'il a décrite, en supposant qu'alors il eût éprouvé à chaque point de cette courbe, la même force motrice, que celle qu'il y éprouve réellement: pourvu toujours, que le mouvement change par degrés insensibles, et que si l'on emploie des machines à ressorts, on laisse ces ressorts dans le même état de tension où on les a pris.

LXIII.

Ces remarques sur le moment d'activité me font naître l'idée d'un principe d'équilibre particulier au cas où les forces exercées dans le système, sont des attractions; j'ai cru que le

lecteur ne seroit pas fâché de le trouver ici;
voici en quoi il consiste:

Plusieurs corps soumis aux loix d'une attrac-
tion exercée en raison d'une fonction quelconque
des distances, soit par ces corps mêmes les uns
sur les autres, soit par différents points fixes,
étant appliqués à une machine quelconque; si
l'on fait passer cette machine d'une position quel-
conque donnée, à celle de l'équilibre, le moment
d'activité consommé dans ce passage par les forces
attractives dont ces corps seront animés pendant
ce mouvement, sera un maximum.

C'est-à-dire, que ce moment sera toujours
plus grand qu'il ne l'auroit été, si, au lieu de
faire passer ce système à la position d'équilibre,
on l'eût contraint de prendre une route différente, et de passer dans une autre situation
quelconque.

Par exemple, s'il s'agit de la gravité, qu'on
peut regarder comme une attraction exercée vers
un point infiniment éloigné, les forces attractives
seront les poids appliqués à la machine; le moment d'activité qui sera exercé par ces forces,
lorsqu'on fera changer de situation à cette machine, sera donc égal au poids total du systême
multiplié par la hauteur dont aura monté ou
descendu le centre de gravité pendant ce changement de position (XXXII): or, la situation
d'équilibre est celle où le centre de gravité est

au point le plus haut ou le plus bas possible ; donc, la hauteur à laquelle doit monter le centre de gravité, ou dont il doit descendre pour passer d'une situation quelconque donnée à celle de l'équilibre, est plus grande que pour passer à toute autre situation ; donc, le moment d'activité consommé dans le passage, par les forces motrices, est aussi plus grand dans le premier cas que dans tout autre.

Si l'attraction étoit toujours constante comme la gravité ordinaire, mais qu'elle fût dirigée vers un point fixe, placé à une distance finie, on concluroit aisément du principe précédent, que dans le cas d'équilibre, la somme des moments des corps du système, relativement à ce point fixe, est un *maximum*, c'est-à-dire, que la somme des produits de chaque masse, par sa distance au point fixe, est moindre lorsqu'il y a équilibre, que si le système se trouvoit dans une autre situation quelconque.

Si l'attraction vers le point fixe, au lieu d'être constante, étoit proportionnelle aux distances de ce corps, à ce point fixe, on concluroit de même que la somme des produits de chaque masse par le quarré de la distance à ce point fixe, est un *maximum*.

On sait que la somme des produits de chaque masse, par le quarré de sa distance à un point fixe quelconque, est égale à la somme des

H 2

produits de chaque masse, par le quarré de sa distance au centre de gravité; plus, au produit de la masse totale, par le quarré de la distance du centre de gravité à ce point fixe : (c'est une proposition de géométrie fort connue, et dont il est facile de trouver la preuve); ainsi dans le cas d'attraction que nous examinons, la somme de ces deux quantités, doit, dans le cas d'équilibre, être un *maximum*, c'est-à-dire, que sa différentielle est égale à zéro. Supposons donc, par exemple, que toutes les parties du système soyent liées entr'elles, de manière qu'elles ne fassent qu'un même corps, et que ce corps soit suspendu par son centre de gravité, tellement que ce point soit fixe; il est clair que chacune des quantités dont on vient de parler, sera constante, c'est-à-dire, restera la même, quelque situation qu'on donne à ce corps, et que la différentielle de leur somme, sera, par conséquent, nulle; donc, il y aura équilibre: c'est-à-dire, que si toutes les parties d'un corps sont attirées vers un point fixe, proportionnellement à leurs distances à ce point, et qu'on suspende ce corps par son centre de gravité, il restera en équilibre précisément comme dans le cas de la pesanteur ordinaire. Il ne faut cependant pas conclure de là, que dans une machine à laquelle seroient appliqués plusieurs corps attirés vers un point fixe, en raison des distances, la position d'équilibre

fût celle où le centre de gravité du système
seroit au point le plus bas, c'est-à-dire, le plus
proche possible du point fixe; car cela n'arrive
que dans le cas où toutes les parties du système
tiennent ensemble et ne font qu'un seul corps;
au lieu que dans le cas de la gravité naturelle,
il n'est pas nécessaire, pour que le centre
de gravité soit au point le plus bas, que les
parties du système soient liées les unes aux
autres.

Si les corps étoient attirés vers le point fixe,
en raison inverse de leurs distances à ce point,
le principe allégué ci-dessus feroit voir que la
situation d'équilibre est alors celle où la somme
des produits de chaque masse, par le logarithme
de sa distance au point fixe, est un *maximum*.

En général, si les corps m du système sont
attirés en raison d'une puissance n, de leurs
distances x, à ce point, la situation d'équilibre
sera celle où la quantité $s\,m\,x^{n+1}$ sera un *maximum*, ou plus grande que dans toute autre
situation; c'est-à-dire, où la différence de cette
quantité à ce qu'elle seroit, si le système étoit
dans une situation infiniment voisine, est égale
à zéro.

S'il y a dans le système plusieurs points fixes,
vers chacun desquels les corps m soient attirés
en raison d'une puissance donnée de leurs distances à ce point, de sorte que x, y, z, *etc.* étant

les distances de m à ces différents points fixes,
$A x^n$, $B y^p$, $C z^q$, etc. soient les forces centrales
de m vers ces différents foyers, ce sera la quantité

$$\frac{A}{n+1} s\, m\, x^{n+1} + \frac{B}{p+1} s\, m\, y^{p+1} + \frac{C}{q+1} s\, m$$

$z^{q+1} +$ etc. qui sera un *maximum* dans la position de l'équilibre.

Et si outre cela, les corps s'attirent les uns les
autres, en raison d'une puissance quelconque donnée des distances, de sorte que X exprimant la
distance de la molécule m à chacune des autres
molécules du système, $F X^r$ soit la force motrice,
attractive de m vers cette autre molécule, la
situation d'équilibre, sera celle où la quantité

$$\frac{F}{2 r+2} s\, m'\, X^{r+1} + \frac{A}{n+1} s\, m\, x^{n+1} + \frac{B}{p+1} s\, m$$

$y^{p+1} + \frac{C}{q+1} s\, m\, z^{q+1} +$ etc. est un *maximum*;

c'est-à-dire, plus grande que dans toute autre
situation.

Il seroit aisé d'étendre encore ces conséquences
à d'autres hypothèses d'attraction; mais la chose
paroît inutile : ainsi je me bornerai à remarquer
qu'on peut, par un principe général à celui qu'on
vient de voir, établir que,

*Quelle que soit la nature des puissances motri-
ces appliquées à une machine, si on la fait mouvoir de manière qu'elle passe par la position d'équilibre, l'instant où elle arrivera dans cette situation,*

sera celui où le moment d'activité consommé pendant le mouvement, par ces puissances motrices,
sera le plus grand.

C'est-à-dire, que le moment d'activité que
les puissances proposées consomment pendant le
mouvement, va toujours en augmentant, jusqu'à
ce que la machine ait atteint la position d'équilibre; après quoi, ce moment va en diminuant,
à mesure que le système s'éloigne de cette position, lorsqu'il l'a dépassée; quelle que soit d'ailleurs la route qu'on ait fait prendre à cette machine, pour l'amener à cette situation.

Supposons, par exemple, que chacune des
puissances appliquées à la machine, soit donnée
de grandeur, et qu'on connoisse de plus un des
points de la direction qu'elle doit avoir, pour
qu'il y ait équilibre; je dis que cette situation
d'équilibre est celle où la somme des produits de
chacune de ces puissances données par la distance
du point de la machine où on la suppose appliquée, au point fixe donné sur sa direction, est
la moindre possible (1); ce qui se tire aisément
du principe précédent.

_____

(1) Il est à remarquer que dans tout ce qui vient d'être
dit au sujet d'une machine considérée dans différentes positions, et de son passage de l'une à l'autre; il est, dis-je, à remarquer que ces positions
sont toujours supposées telles, qu'on passe de l'une

Toutes ces choses sont si faciles à prouver, après ce qui a été dit dans le cours de cette seconde partie, qu'il paroît inutile de s'y arrêter. Je finirai donc cet opuscule par quelques réflexions sur les loix fondamentales dont je suis parti pour établir la théorie qu'il contient.

Réflexions sur les loix fondamentales de l'équilibre et du mouvement.

Parmi les philosophes qui s'occupent de la recherche des loix du mouvement, les uns font de la mécanique une science expérimentale, les autres, une science purement rationnelle ; c'est-à-dire, que les premiers comparant les phénomènes de la nature, les décomposent, pour ainsi dire, pour connoître ce qu'ils ont de commun, et les réduire ainsi à un petit nombre de faits principaux, qui servent en suite à expliquer tous les autres, et à prévoir ce qui doit arriver dans chaque circonstance ; les autres commencent par des hypothèses, puis raisonnant

---

à l'autre par un mouvement qui soit à chaque instant de ceux que j'ai appelés *géométriques* ; autrement toutes ces propositions seroient sujettes aux mêmes défauts que nous avons cru (V) pouvoir reprocher au principe de *Descartes*, et à plusieurs autres.

conséquemment à leurs suppositions, parviennent à découvrir les loix que suivroient les corps dans leurs mouvements, si leurs hypothéses étoient conformes à la nature, puis comparant leurs résultats avec les phénoménes, et trouvant qu'ils s'accordent, en concluent que leur hypothése est exacte, c'est-à-dire, que les corps suivent en effet les loix qu'ils n'avoient fait d'abord que supposer.

Les premiers de ces deux classes de philosophes, partent donc dans leurs recherches, des notions primitives que la nature a imprimées en nous, et des expériences qu'elle nous offre continuellement ; les autres partent de définitions et d'hypothéses: pour les premiers, les noms de corps, de puissances, d'équilibre, de mouvement, répondent à des idées premières ; ils ne peuvent ni ne doivent les définir ; les autres au contraire ayant tout à tirer de leur propre fonds, sont obligés de définir ces termes avec exactitude, et d'expliquer clairement toutes leurs suppositions ; mais si cette méthode paroît plus élégante, elle est aussi bien plus difficile que l'autre ; car il n'y a rien de si embarrassant dans la plupart des sciences rationnelles, et sur-tout dans celle-ci, que de poser d'abord d'exactes définitions sur lesquelles il ne reste aucune ambiguité: ce seroit me jeter dans des discussions métaphysiques, bien au dessus

de mes forces, que de vouloir approfondir toutes celles qu'on a proposées jusqu'ici: je me
contenterai d'examiner la première et la plus
simple.

Qu'est-ce qu'un corps? C'est, disent la plupart, une étendue impénétrable, c'est-à-dire,
qui ne peut en aucune manière être réduite à
un espace moindre: mais cette propriété n'est-
elle pas commune au corps et à l'espace vuide?
un pied cube de vuide peut - il occuper un
espace moindre? Il est clair que non. Supposons qu'un pied cube d'eau, par exemple, soit
enfermé dans un vase capable de contenir deux
pieds cubes, et fermé de tout côté; qu'on agite,
qu'on bouleverse ce vase tant qu'on voudra, il
restera toujours un pied cube d'eau et un pied
cube de vuide: voilà deux espaces d'une nature
différente, à la vérité, mais tout aussi irréduc-
tibles l'un que l'autre: ce n'est donc pas en
cela que consiste la propriété caractéristique des
corps. D'autres disent que cette propriété consiste dans la mobilité; l'espace indéfini et vuide,
disent - ils, est immobile, tandis que les corps
peuvent se transporter d'un lieu de cet espace
à un autre: mais lorsque le corps *A* passe en *B*,
par exemple, l'espace vuide qui étoit en *B*,
n'a-t-il pas passé en *A*? Il n'y a, ce me semble, pas plus de raison d'attribuer le mouvement au plein qui étoit en *A*, qu'au vuide qui

étoit *en B*, le mouvement consiste en ce que
l'un de ces espaces a remplacé l'autre; et ce
remplacement étant *réciproque*, la mobilité est
une propriété qui n'appartient pas plus à l'un
qu'à l'autre. Sans sortir de notre première supposition, lorsque j'agite le vase moitié vuide et
moitié-plein, le vuide n'est-il pas mu tout aussi
bien que le fluide? Je plonge une boule de
métal, creuse, dans une bouteille; la boule va
au fond; ne voilà-t-il pas un vuide qui se meut
dans un plein, tout de même que les corps se
meuvent dans le vuide? L'espace plein ne diffère donc de l'espace vuide, ni par la mobilité,
ni par l'irréductibilité; l'impénétrabilité qui distingue le premier du second, n'est donc pas la
même chose que cette irréductibilité; c'est un
je ne sais quoi qu'on ne peut définir, parce
que c'est une idée première.

Les deux loix fondamentales dont je suis
parti (XI), sont donc des vérités purement ex-
périmentales; et je les ai proposées comme telles. Une explication détaillée de ces principes
n'entroit pas dans le plan de cet ouvrage, et
n'auroit peut-être servi qu'à embrouiller les
choses: les sciences sont comme un beau fleuve,
dont le cours est facile à suivre, lorsqu'il a
acquis une certaine régularité; mais si l'on veut
remonter à la source, on ne la trouve nulle
part, parce qu'elle est par-tout; elle est répandue

en quelque sorte sur toute la surface de la terre:
de même si l'on veut remonter à l'origine des
sciences, on ne trouve qu'obscurité, idées vagues, cercles vicieux; et l'on se perd dans les
idées primitives.

RÉFLEXIONS

SUR

LA MÉTAPHYSIQUE

DU

CALCUL INFINITÉSIMAL.

AVERTISSEMENT.

———

Il y a quelques années que l'auteur de ces réflexions les a rédigées dans la forme où on les présente aujourd'hui. Il est maintenant chargé de soins dont l'importance ne lui permet pas de revenir sur ses premières méditations ; mais comme tout annonce que la culture des mathématiques va reprendre un nouvel essor, on a pensé qu'il pourroit être utile de faire connoître un mémoire où

la métaphysique du calcul différentiel est
discutée avec étendue et précision, et
où sont rapprochés les divers points de
vue sous lesquels on a présenté cette métaphysique.

RÉFLEXIONS,

SUR

LA MÉTAPHYSIQUE

DU

CALCUL INFINITÉSIMAL.

I.

IL n'est aucune découverte qui ait produit dans les sciences mathématiques une révolution aussi heureuse et aussi prompte que celle de l'analyse infinitésimale ; aucune n'a fourni des moyens plus simples ni plus efficaces pour pénétrer dans la connoissance des lois de la nature. En décomposant, pour ainsi dire, les corps jusques dans leurs élémens, elle semble en avoir indiqué la structure intérieure et l'organisation ; mais comme tout

Sujet de cet écrit.

I

ce qui est extrême échappe aux sens et à l'imagination , on n'a jamais pu se former qu'une idée imparfaite de ces élémens, espèces d'êtres singuliers , qui , tantôt jouent le rôle de véritables quantités , tantôt doivent être traités comme absolument nuls , et semblent par leurs propriétés équivoques , tenir le milieu entre la grandeur et le zéro, entre l'existence et le néant. (*)

Heureusement cette difficulté n'a point nui au progrès de la découverte : il est certaines idées primitives qui laissent toujours quelque nuage dans l'esprit ; mais dont les premières conséquences une fois tirées , ouvrent un champ vaste et facile à parcourir.

(*) Je parle ici conformément aux idées vagues qu'on se fait communément des quantités infinitésimales , lorsqu'on n'a pas pris la peine d'en examiner la nature ; mais, dans le vrai, rien n'est plus simple que la notion de ces quantités. En effet, dire d'une quantité qu'elle est infiniment petite , c'est précisément dire qu'elle est la différence de deux grandeurs qui ont pour limite une même troisième grandeur et rien de plus. L'idée d'une quantité infinitésimale n'est donc pas plus difficile à saisir que celle d'une limite ; mais elle a de plus, comme tout le monde en convient, l'avantage de conduire à une théorie beaucoup plus simple.

Telle a paru celle de l'infini, et plusieurs
géométres en ont fait le plus heureux usage,
qui n'en avoient peut être point approfondi
la notion; cependant les philosophes n'ont
pu se contenter d'une idée si vague; ils ont
voulu remonter aux principes; mais ils se sont
trouvés eux-mêmes divisés dans leurs opi-
nions, ou plutôt dans leur maniere d'envisager les objets. Mon but dans cet écrit est de
rapprocher ces différens points de vue, d'en
montrer les rapports, et d'en proposer de
nouveaux; je me croirai bien récompensé de
mon travail si j'ai pu réussir à jeter quelques degrés de lumière sur un sujet si intéressant.

II.

La difficulté qu'on rencontre souvent à Origine que
exprimer exactement par des équations les peut avoir eue
différentes conditions d'un problême, et à l'analyse infi-
résoudre ces équations, a pu faire naître les nitésimale.
premières idées du calcul infinitésimal. Lorsqu'il est trop difficile, en effet, de trouver la
solution exacte d'une question, il est naturel de chercher au moins à en approcher le
plus qu'il est possible, en négligeant les quantités qui embarrassent les combinaisons, si
l'on prévoit que ces quantités négligées ne
peuvent, à cause de leur peu de valeur,

produire qu'une erreur légère dans le résultat du calcul. C'est ainsi, par exemple, que ne pouvant découvrir qu'avec peine les propriétés des courbes, on aura imaginé de les regarder comme des polygones d'un grand nombre de côtés. En effet, si l'on conçoit, par exemple, un polygone régulier inscrit dans un cercle, il est visible que ces deux figures, quoique toujours différentes et ne pouvant jamais devenir identiques, se ressemblent cependant de plus en plus à mesure que le nombre des côtés du polygone augmente, que leurs périmètres, leurs surfaces, les solides formés par leurs révolutions autour d'un axe donné, les lignes analogues menées au dedans ou au dehors de ces figures, les angles formés par ces lignes, etc., sont, si non respectivement égaux, au moins d'autant plus approchans de l'égalité que ce nombre de côtés devient plus grand; d'où il suit qu'en supposant ce nombre de côtés très-grand en effet, on pourra sans erreur sensible attribuer au cercle circonscrit les propriétés qu'on aura trouvées appartenir au polygone inscrit.

En outre, chacun des côtés de ce polygone diminue évidemment de grandeur à mesure que le nombre de ces côtés augmente; et par conséquent, si l'on suppose que le polygone soit réellement composé d'un très-grand nombre de côtés , on pourra dire aussi que chacun d'eux est réellement très-petit.

Cela posé, s'il se trouvoit par hazard dans le cours d'un calcul une circonstance particulière où l'on pût simplifier beaucoup les opérations en négligeant, par exemple, un de ces petits côtés par comparaison à une ligne donnée, c'est-à-dire , en employant dans le calcul cette ligne donnée au lieu d'une quantité qui seroit égale à la somme faite de cette ligne et du petit côté en question , il est clair qu'on pourroit le faire sans inconvénient, car l'erreur qui en résulteroit ne pourroit être qu'extrêmement petite , et ne mériteroit pas qu'on se mît en peine pour en connoître la valeur.

III.

Par exemple , soit proposé de mener une tangente au point donné M de la circonférence M B D. (*Fig.* 1.)

Soit C le centre du cercle, DCB l'axe; supposons l'abscisse $DP = x$, l'ordonnée correspondante $MP = y$, et soit TP la sous-tangente cherchée.

Pour la trouver , considérons le cercle comme un polygone d'un très-grand nombre de côtés ; soit MN un de ces côtés, prolongeons-le jusqu'à l'axe; ce sera évidemment la

tangente en question, puisque cette ligne ne
pénétrera pas dans l'intérieur du polygone;
abaissons de plus la perpendiculaire MO sur
NQ, parallèle à MP, et nommons a le rayon
du cercle : cela posé, nous aurons évidem-
ment $MO:NO :: TP:MP$, ou $\dfrac{MO}{NO} = \dfrac{TP}{y}$.

D'une autre part, l'équation de la courbe
étant pour le point M, $yy = 2ax - xx$,
elle sera pour le point N

$$(y+NO)^2 = 2a(x+MO) - (x+MO)^2,$$

ôtant de cette équation la première, trouvée
pour le point M, et réduisant, on a

$$\frac{MO}{NO} = \frac{2y+NO}{2a - 2x - MO};$$

égalant donc cette valeur de $\dfrac{MO}{NO}$ à celle qui a
été trouvée ci-dessus, et multipliant par y,
il vient $TP = \dfrac{y(2y+NO)}{2a - 2x - MO}$.

Si donc MO et NO étoient connues, on
auroit la valeur cherchée de TP; or ces quantités MO, NO sont très-petites, puisqu'elles
sont moindres chacune que le côté MN, qui,
par hypothèse, est lui même très-petit. Donc
(II) on peut négliger sans erreur sensible ces
quantités par comparaison aux quantités $2y$
et $2x - 2a$ auxquelles elles sont ajoutées.

Donc l'équation se réduit à $TP = \dfrac{y^2}{a-x}$, ce qu'il falloit trouver.

IV.

Si ce résultat n'est pas absolument exact, il est au moins évident que dans la pratique il peut passer pour tel, puisque les quantités MO, NO sont extrêmement petites ; mais quelqu'un qui n'auroit aucune idée de la doctrine des infinis seroit peut-être fort étonné si on lui disoit que l'équation $TP = \dfrac{y^2}{a-x}$, non-seulement approche beaucoup du vrai, mais est réellement de la plus parfaite exactitude ; c'est cependant une chose dont il est aisé de s'assurer en cherchant TP, d'après ce principe que la tangente est perpendiculaire à l'extrémité du rayon ; car il est visible que les triangles semblables CPM, MPT donnent CP : MP :: MP : TP ; d'où l'on tire

$$TP = \frac{\overline{MP}^2}{CP} = \frac{y^2}{a-x}, \text{ comme ci-dessus.}$$

On a dû naturellement la regarder d'abord comme une simple méthode d'approximation.

V.

Pour second exemple, supposons qu'il soit question de trouver la surface d'un cercle donné.

Considérons encore cette courbe comme un polygone régulier d'un grand nombre de côtés ; l'aire d'un polygone régulier quelconque est égale au produit de son périmètre par la moitié de la perpendiculaire menée du centre sur l'un des côtés ; donc le cercle étant considéré comme un polygone d'un grand nombre de côtés, sa surface doit être égale au produit de sa circonférence par la moitié du rayon ; proposition qui n'est pas moins exacte que le résultat trouvé ci-dessus.

VI.

Quelque vagues et peu précises que puissent donc paroître ces deux expressions de *très-grand* et de *très-petit*, ou autres équivalentes, on voit par les deux exemples précédens que ce n'est pas sans utilité qu'on les emploie dans les combinaisons mathématiques, et que leur usage peut être d'un grand secours pour faciliter la solution des diverses questions qui peuvent être proposées ; car leur notion une fois admise, toutes les courbes pourront aussi bien que le cercle être considérées comme des polygones d'un grand nombre de côtés, toutes les surfaces pourront être partagées en une multitude de bandes ou zônes, tous les corps en corpuscules,

toutes, les quantités, en un mot, pourront
être décomposées en particules de même espèce qu'elles. De-là naissent beaucoup de
nouveaux rapports et de nouvelles combinaisons, et l'on peut juger aisément, par les
exemples cités plus haut, des ressources que
doit fournir au calcul l'introduction de ces
quantités élémentaires.

VII.

Mais l'avantage qu'elles procurent est bien
plus considérable encore qu'on n'avoit d'a-
bord eu lieu de l'espérer; car il suit des exemples rapportés que ce qui n'avoit été regardé
en premier lieu que comme une simple méthode d'approximation, conduit au moins,
en certains cas, à des résultats parfaitement
exacts. Il seroit donc intéressant de savoir
distinguer ceux où cela arrive, d'y ramener
les autres autant qu'il est possible, et de changer ainsi cette méthode d'approximation en
un calcul parfaitement exact et rigoureux.
Or, tel est l'objet de l'analyse infinitésimale.

On a décou-
vert ensuite
que malgré les
erreurs com-
mises dans
l'expression
des conditions
de chaque pro-
blème, les ré-
sultats étoient
néanmoins de
la plus parfai-
te exactitude.

VIII.

Voyons donc d'abord comment dans l'équa-
tion $TP = \dfrac{y(2y+NO)}{2a-2x-MO}$ trouvé (III), il a
pu se faire qu'en négligeant MO et NQ on

n'ait point altéré la justesse du résultat, ou plutôt comment ce résultat est devenu exact par la suppression de ces quantités, et pourquoi il ne l'étoit pas auparavant.

Or, on peut rendre fort simplement raison de ce qui est arrivé dans la solution du problème traité ci-dessus, en remarquant que l'hypothèse d'où l'on est parti étant fausse, puisqu'il est absolument impossible qu'un cercle puisse être jamais considéré comme un vrai polygone, quel que puisse être le nombre de ses côtés, il a dû résulter de cette hypothèse une erreur quelconque dans l'équation

$$TP = \frac{y\,(2y + NO)}{2a - 2x - MO},$$

et que le résultat $TP = \frac{y^2}{a - x}$ étant néanmoins certainement exact, comme on le prouve par la comparaison des deux triangles CPM, MPT, on a pu négliger MO et NO dans la première équation, et même on a dû le faire pour rectifier le calcul et détruire l'erreur à laquelle avoit donné lieu la fausse hypothèse d'où l'on étoit parti. Négliger les quantités de cette nature est donc non-seulement permis en pareil cas, mais il le faut, et c'est la seule manière d'exprimer exactement les conditions du problême.

IX.

Le résultat exact $TP = \dfrac{y^2}{a - x}$ n'a donc

été obtenu que par une compensation d'erreurs ; et cette compensation peut être rendue plus sensible encore en traitant l'exemple rapporté ci-dessus d'une manière un peu différente, c'est-à-dire, en considérant le cercle comme une véritable courbe et non pas comme un polygone.

Pour cela, par un point R, pris arbitrairement à une distance quelconque du point M, soit menée la ligne RS parallèle à MP, et par les points R et M soit tirée la sécante RT'; nous aurons évidemment T'P : MP :: MZ : RZ, et partant T'P, ou TP + T'T $= MP \dfrac{MZ}{RZ}$. Cela posé, si nous imaginions que RS se meuve parallélement à elle-même en s'approchant continuellement de MP, il est visible que le point T' s'approchera en même temps de plus en plus du point T, et qu'on pourra par conséquent rendre la ligne T'T aussi petite qu'on voudra sans que la proportion établie ci-dessus cesse d'avoir lieu. Si donc je néglige cette quantité T'T dans l'équation que je viens de trouver, il en résultera à la vérité une erreur dans l'équation $TP = MP \dfrac{MZ}{RZ}$ à laquelle la première sera

alors réduite ; mais cette erreur pourra être
atténuée autant qu'on le voudra en faisant
approcher autant qu'il sera nécessaire R S de
M P : c'est-à-dire, que le rapport des deux
membres de cette équation différera aussi peu
qu'on voudra du rapport d'égalité.

Pareillement nous avons $\dfrac{MZ}{RZ} = \dfrac{2y + RZ}{2a - 2x - MZ}$
(III) et cette équation est parfaitement exacte,
quelle que soit la position du point R, c'est-
à-dire, quelles que soient les valeurs de M Z
et de R Z. Mais plus R S approchera de M P,
plus ces lignes M Z et R Z seront petites ; et
partant, si on les néglige dans le second membre de cette équation, l'erreur qui en résul-
tera dans l'équation $\dfrac{MZ}{RZ} = \dfrac{y}{a-x}$ à laquelle
elle sera réduite alors, pourra comme la pré-
mière, être rendue aussi petite qu'on le jugera
à propos.

Cela étant, sans avoir égard à des erreurs
que je serai toujours maître d'atténuer autant
que je le voudrai, je traite les deux équations
$TP = MP \dfrac{MZ}{RZ}$ et $\dfrac{MZ}{RZ} = \dfrac{y}{a-x}$ que je
viens de trouver, comme si elles étoient par-
faitement exactes l'une et l'autre ; substituant
donc dans la dernière la valeur de $\dfrac{MZ}{RZ}$ tirée

de l'autre, j'ai pour résultat $TP = \dfrac{y^2}{a-x}$ comme ci-dessus.

Ce résultat est parfaitement juste, puisqu'il est conforme à celui qu'on a obtenu par la comparaison des triangles CPM, MPT; et cependant les équations $TP = \dfrac{MZ}{RZ}$ et $\dfrac{MZ}{RZ} = \dfrac{y}{a-x}$, d'où il a été tiré, sont certainement fausses toutes deux, puisque la distance de R S à M P n'a point été supposée nulle, ni même très-petite, mais bien égale à une ligne quelconque arbitraire. Il faut par conséquent de toute nécessité que les erreurs se soient compensées mutuellement par la comparaison des deux équations erronées.

X.

Voilà donc le fait des erreurs compensées bien acquis et bien prouvé; il s'agit maintenant de l'expliquer, de rechercher le signe auquel on reconnoît que la compensation a lieu dans les calculs semblables au précédent, et les moyens de la produire dans chaque cas particulier.

Pourquoi cette compensation a lieu.

Or, il suffit pour cela de remarquer que les erreurs commises dans les équations $TP = y\,\dfrac{MZ}{RZ}$ et $\dfrac{MZ}{RZ} = \dfrac{y}{a-x}$ pouvant être rendues aussi petites qu'on le veut, celle qui auroit lieu, s'il s'en trouvoit une dans l'équation résultante $TP = \dfrac{y^2}{a-x}$, pourroit également être rendue aussi petite qu'on le voudroit, et qu'elle dépendroit de la distance arbitraire des lignes M P, R S. Or, cela n'est pas, puisque le point M par où doit passer la tangente étant donné, il ne se trouve aucune des quantités a, x, y, TP de cette équation qui soit arbitraire; donc il ne peut y avoir en effet aucune erreur dans cette équation.

Il suit de-là que la compensation des erreurs qui se trouvoient dans les équations $TP = y\,\dfrac{MZ}{RZ}$ et $\dfrac{MZ}{RZ} = \dfrac{y}{a-x}$, se manifeste dans le résultat par l'absence des quantités M Z, R Z qui causoient ces erreurs ; et que par conséquent, après avoir introduit ces quantités dans le calcul pour faciliter l'expression des conditions du problême, et les avoir traitées dans les équations qui exprimoient ces conditions comme nulles par comparaison aux quantités proposées, afin de simplifier ces équations, il n'y a qu'à éliminer ces mêmes quantités des équations où elles peuvent se trouver encore, pour faire

disparoître les erreurs qu'elles avoient occa-
sionnées, et obtenir un résultat qui soit parfaitement exact.

XI.

L'inventeur a donc pu être conduit à sa
découverte par un raisonnement bien simple :
si à la place d'une quantité proposée, a-t-il
pu dire, j'emploie dans le calcul une autre
quantité qui ne lui soit point égale, il en résultera une erreur quelconque ; mais si la
différence des quantités employées l'une pour
l'autre est arbitraire, et que je sois maître de
la rendre aussi petite que je voudrai, cette
erreur ne sera point dangereuse ; je pourrois
même commettre à la fois plusieurs erreurs
semblables sans qu'ils s'ensuivît aucun inconvénient, puisque je demeurerai toujours
maître du degré de précision que je voudrai
donner à mes résultats. Il y a plus encore ;
c'est qu'il pourroit arriver que ces erreurs se
compensassent mutuellement, et qu'ainsi mes
résultats devinssent parfaitement exacts. Mais
comment opérer cette compensation et dans
tous ces cas ? C'est ce qu'un peu de réflexion
aura pu faire découvrir ; en effet, aura pu
dire l'inventeur, supposons pour un instant
que la compensation desirée ait lieu, et voyons
par quel signe elle doit se manifester dans le

résultat du calcul. Or, ce qui doit naturellement arriver, c'est que les quantités qui occasionnoient ces erreurs ayant disparu, les erreurs aient disparu de même; car ces quantités (telles que MZ, RZ) ayant par hypothèse des valeurs arbitraires, elles ne doivent plus entrer dans des formules ou résultats qui ne le sont pas, et qui étant devenus exacts par supposition, dépendent uniquement, non de la volonté du calculateur, mais de la nature des choses dont on s'étoit proposé de trouver la relation exprimée par ces résultats. Donc le signe qui annonce que la compensation desirée a lieu est l'absence des quantités arbitraires qui produisoient ces erreurs ; et partant, il ne s'agit, pour opérer cette compensation, que d'éliminer ces quantités arbitraires.

Comment on peut opérer cette compensation en chaque cas particulier.

XII.

Pour fixer davantage ces idées, et donner aux principes qui en dérivent le degré de précision et de généralité qui leur convient, je remarquerai que les quantités que nous avons eu à considérer dans la question traitée peuvent se distinguer en deux classes ; la première, composée des quantités qui, comme MC, MP, PT, MT, sont ou données ou déterminées par les conditions du problême ;

et

et la seconde, composée des quantités qui, comme R S, R T', S T', dépendent de la position arbitraire du point R, et telles en même temps, qu'à mesure que ce point R se rapproche du point M, chacune d'entre elles s'approche de sa correspondante dans la première classe, en sorte que M P, par exemple, est la limite de R S, c'est-à-dire, le terme fixe dont elle approche continuellement, ou, si l'on veut, sa dernière valeur; de même M T est la limite ou dernière valeur de R T', et P T celle de S T'; par la même raison, il est clair que les limites ou dernières valeurs de M Z, R Z, M R, T'T, sont toutes 0; enfin, il est encore évident que la dernière raison de R S à M P, c'est-à-dire, la dernière valeur de $\frac{RS}{MP}$ est une raison d'égalité, de même que celle de R T' à M T, de S T' à P T, ou, enfin, celle de toute autre quantité quelconque à sa limite.

XIII.

Imaginons donc maintenant, pour étendre ces remarques aux autres problêmes du même genre, un systême quelconque de quantités proposées, et qu'il soit question de trouver les rapports qui existent entre elles. (*)

_____

(*) Je suppose ici que la question proposée a été préalablement réduite à trouver en effet les rapports qui existent entre telles ou telles quantités proposées. Si, par exemple, il s'agit de trouver une courbe qui ait une certaine propriété déterminée, je suppose qu'on ait préalablement réduit cette question à trouver le rapport qui existe entre telle ordonnée de cette courbe et l'abscisse correspondante ; de même, s'il s'agit de mener une tangente à un point quelconque indéterminé de cette courbe, je commence par fixer arbitrairement le point par lequel je veux mener cette tangente, et je réduis la question à trouver le rapport qui existe, par exemple, entre la sous-tangente et l'abscisse, ou entre l'ordonnée et la sous-normale correspondante à ce même point. Mais si l'on me demandoit, par exemple, comment j'appliquerois ma définition de _l'infini_ qu'on va voir, à ces questions : _La matière est-elle divisible à l'infini ?. L'espace dans lequel existent tous les êtres créés est-il infini ?_ et autres semblables ; je réponds que ma définition n'est que celle de l'infini mathématique ; qu'elle ne peut s'appliquer qu'aux questions dont l'objet est uniquement de trouver les rapports qui existent entre telles et telles quantités, et qu'ainsi les questions métaphysiques proposées ci-dessus, si tant

XIV.

D'abord je comprendrai sous le nom de *quantités désignées*, non-seulement toutes les quantités qui sont proposées par l'énoncé même de la question, mais encore toutes celles qui dépendent de ces seules quantités, c'est-à-dire, qui sont fonctions de ces mêmes quantités et d'aucune autre.

XV.

J'appellerai, au contraire, *quantités non-désignées* ou *auxiliaires* toutes celles qui ne font point partie du système des quantités désignées, et qui par conséquent n'entrent point essentiellement dans le calcul, mais y sont introduites seulement pour faciliter la comparaison des quantités proposées.

Ainsi, dans l'exemple précédent, M P, M C, M T, D P, etc. sont des qnantités *désignées*, parce qu'elles dépendent uniquement de la position du point M par où doit être

est qu'elles méritent d'être appelées des ques. tions, ne sont aucunement du ressort de la théorie dont on se propose d'établir ici les principes.

menée la tangente ; mais R S, et toutes celles qui en dépendent, comme MZ, RZ, T'T,
T'P, etc. sont des quantités *auxiliaires*, parce
qu'on n'a imaginé de les mener que pour aider
à la solution de la question, qui étoit de trouver le rapport de M P à T P.

Il suit évidemment de-là que dans toute
quantité non-désignée, il y a nécessairement
quelque chose d'arbitraire ; car, s'il n'y entroit rien d'arbitraire, la valeur en seroit donc
assignée par les conditions mêmes du problême, et par conséquent dépendroit totalement des quantités proposées, ce qui est contre l'hypothèse.

XVI.

Lorsqu'en mathématique, deux lignes,
deux surfaces, deux solides, deux quantités
quelconques enfin sont supposées s'approcher
perpétuellement l'une de l'autre par degrés
insensibles, de manière que leur rapport ou
quotient diffère de moins en moins et aussi
peu qu'on veut de l'unité, on dit que ces
deux quantités ont pour dernière raison une
raison d'égalité.

XVII.

Si l'une de ces grandeurs est une quantité
désignée et l'autre une quantité auxiliaire, la

première sera dite *limite* ou *dernière valeur* de la seconde : c'est-à-dire, qu'une *limite* n'est autre chose qu'une quantité désignée de laquelle une quantité auxiliaire est supposée s'approcher perpétuellement , de manière qu'elle puisse en différer aussi peu qu'on voudra , et que leur dernière raison soit une raison d'égalité.

Ainsi, il n'y a que les quantités auxiliaires qui, à proprement parler, aient ce que j'appelle une limite ; car les quantités désignées étant supposées ne point changer , mais au contraire être elles-mêmes les termes ou dernières valeurs des quantités auxiliaires, elles ne peuvent strictement parlant avoir de limites, à moins qu'on ne dise que toute quantité désignée est elle-même sa propre limite , ce qu'on ne peut refuser d'accorder, puisque la dernière valeur d'une quantité déterminée quelconque ne peut être que cette quantité elle-même.

XVIII.

Ainsi, en général nous nommons dernières valeurs et dernières raisons des quantités les valeurs ou les raisons qui sont en effet les dernières de celles qu'assigne à ces grandeurs et à leurs rapports, la loi de continuité, lorsque chacune d'elles est supposée s'approcher perpétuellement et par degrés insensibles de la quantité désignée qui lui répond.

XIX.

On nomme en général quantité *infiniment petite* la différence d'une quantité quelconque auxiliaire à sa limite ; ainsi, par exemple, RZ, qui est la différence de RS à MP, est ce qu'on appelle une quantité infiniment petite.

XX.

On nomme au contraire *infinie* ou *infiniment grande*, toute grandeur qui est égale à l'unité divisée par une quantité infiniment petite: telle est, par conséquent, la quantité

$$\frac{1}{RZ} \text{ ou } \frac{1}{RS-MP}.$$

Mais puisque la limite ou dernière valeur de RS est MP, il est clair que la limite ou dernière valeur de RZ ou RS — MP est o, et que celle de $\frac{1}{RZ}$ est $\frac{1}{o}$.

XXI.

Ainsi on peut dire en général qu'*une grandeur infiniment petite n'est autre chose qu'une quantité dont la limite est o*, et qu'au contraire, *une quantité infiniment grande n'est autre chose qu'une quantité dont la limite* est $\frac{1}{0}$.

XXII.

On comprend sous le nom de *quantités infinitésimales* les quantités infinies ou infiniment grandes , et celles qui sont infiniment petites ; toutes les autres grandeurs se nomment *quantités finies.*

XXIII.

Dire, suivant l'usage vulgaire, que l'infini est ce qui n'a point de bornes, ce qui est sans limite, ou ce dont la limite n'existe pas, c'est donc en donner une idée simple et qui n'est pas sans fondement, puisqu'en effet les quantités infinitésimales ont toutes pour limites, les unes o, les autres $\frac{1}{0}$, qui ne sont point de vraies quantités.

XXIV.

Mais de ce que les limites de ces quantités sont o ou $\frac{1}{0}$, il ne s'ensuit nullement que ces quantités elles-mêmes soient des êtres chimériques ; car, au contraire, par la définition même (XIX), une quantité infiniment petite est la différence de deux quantités très-effectives, savoir, une quantité quelconque auxiliaire et sa limite.

XXV.

Il suit encore de-là qu'on peut regarder toute quantité infiniment petite comme la différence de deux quantités auxiliaires qui ont pour limite une même troisième quantité désignée ; car, soient X et Y deux quantités auxiliaires différentes qui aient pour limite une même troisième quantité A.

Je dis que X—Y est une quantité infiniment petite. En effet, puisque la limite ou dernière valeur de X est A, et que celle de Y est aussi A ; il s'ensuit que la dernière valeur de X—Y sera A—A ou o. Donc la limite de A + (X—Y) est A ; donc on peut regarder X—Y comme la différence d'une quantité auxiliaire A + (X—Y) à sa limite A ; donc (XIX) cette différence est une quantité infiniment petite ; donc on peut dire en général qu'*une quantité infiniment petite n'est autre chose que la différence de deux quantités auxiliaires qui ont la même limite.*

XXVI.

Deux quantités ne peuvent avoir pour limite une même troisième quantité sans avoir elles-mêmes entre elles pour dernière raison

une raison d'égalité; car, puisque par hypothèse, la limite ou dernière valeur de $\frac{X}{A}$
est 1, de même que celle de $\frac{Y}{A}$; il est clair

que la limite ou dernière valeur de $\dfrac{\left(\frac{X}{A}\right)}{\left(\frac{Y}{A}\right)}$

est aussi l'unité. Or $\dfrac{\left(\frac{X}{A}\right)}{\left(\frac{Y}{A}\right)} = \frac{X}{Y}$; donc la

limite ou dernière valeur de $\frac{X}{Y}$ est 1, c'est-
à-dire, que la dernière raison de X à Y est
une raison d'égalité. Donc, en général, on
peut dire qu'*une quantité infiniment petite
est le rapport de la différence de deux grandeurs qui ont pour dernière raison une raison
d'égalité à chacune de ces grandeurs.*

XXVII.

Enfin, il est évident qu'on peut dire encore qu'*une grandeur infiniment petite n'est
autre chose qu'une quantité non désignée, à
laquelle on attribue d'abord une valeur quelconque arbitraire, et qu'on suppose ensuite
décroître insensiblement jusqu'à zéro.* Ainsi,
en général, lorsqu'on dit, *soit Z, par exemple,*

une quantité infiniment petite, c'est précisément la même chose que si l'on disoit, *soit Z
une quantité quelconque arbitraire* (et par conséquent auxiliaire, car les quantités désignées
ne peuvent être arbitraires), *et supposons ensuite que cette quantité aille en décroissant
perpétuellement jusqu'à zéro.*

XXVIII.

Une quantité est dite infiniment petite,
relativement à une autre quantité , lorsque
le rapport de la première à la seconde est une
quantité infiniment petite, et réciproquement,
la seconde est dite infinie ou infiniment grande
relativement à la première.

XXIX.

Deux quantités sont dites *différer infiniment peu*, ou *être infiniment peu différentes*
l'une de l'autre, lorsque le rapport de l'une
à l'autre ne diffère de l'unité que d'une quantité infiniment petite , de manière que leur
dernière raison soit une raison d'égalité ; telles sont évidemment R S et M P.

XXX.

On nomme *calcul infinitésimal* l'art qui
enseigne à découvrir, par le secours des quantités que je viens de nommer infinitésimales,

les rapports ou relations quelconques qui existent entre les diverses parties d'un système quelconque de quantités proposées.

Ces quantités infinitésimales n'étant toutes que des quantités auxiliaires, c'est-à-dire, introduites seulement dans le calcul pour faciliter l'expression des conditions proposées, il est clair qu'il faut absolument les éliminer du calcul pour obtenir le résultat désiré, c'est-à-dire, les rapports cherchés ; ainsi on peut dire en quelque sorte que le calcul infinitésimal est un calcul *non fini*, ou qui n'est pas encore achevé, parce qu'en effet dès qu'on est parvenu à en éliminer les quantités auxiliaires et qui n'y entrent pas essentiellement, il cesse d'être infinitésimal, et ressemble en tout au calcul algébrique ordinaire.(*)

Pour achever d'expliquer les principaux termes relatifs à la théorie de l'infini en général, il me reste à dire ce que j'entends par *équation imparfaite*.

_____

(*) Chacun sait, en effet, qu'un calcul où il entre des quantités infinitésimales n'est censé fini, et que l'on ne compte sur l'exactitude du résultat, que du moment où toutes ces quantités infinitésimales sont entièrement éliminées.

XXXI.

J'appelle *équation imparfaite* toute équation dont les deux membres sont des quantités inégales , mais infiniment peu différentes
l'une de l'autre, ou, ce qui revient au même,
toute équation dont les deux membres, quoique inégaux, ont pour dernière raison une
raison d'égalité.

Ainsi, par exemple, les équations fausses
$$T\acute{P}=y\ \frac{MZ}{RZ} \text{ et } \frac{MZ}{RZ}=\frac{y}{a-x} \text{ trouvées (IX),}$$
sont ce que j'appelle équations imparfaites,
puisque les quantités négligées dans les équations exactes d'où elles sont tirées sont des
quantités infiniment petites , c'est donc sur la
théorie de ces sortes d'équations qu'est fondée
la solution de la question traitée ci-dessus et
de toutes celles du même genre. C'est pourquoi je vais rechercher les principes de cette
théorie qui est la base du calcul infinitésimal,
ou, plutôt, qui n'est autre chose que le calcul infinitésimal lui-même.

PREMIER THÉORÈME.

XXXII.

Si dans une équation quelconque impar- Principes fon-
faite on substitue à la place de l'une quelcon- damentaux de
que des quantités qui y entrent , une autre l'analyse infi-
quantité qui en diffère infiniment peu, ou dont nitésimale.
le rapport à la première ait l'unité pour limite
ou dernière valeur , l'équation qui résultera
de cette transformation ne pourra être une
équation fausse , c'est-à-dire , qu'elle devien-
dra absolument exacte, ou qu'au moins elle
demeurera ce que j'ai nommé équation im-
parfaite.

En effet , puisque par hypothèse on n'a
fait que substituer à la place d'une quantité
une autre quantité dont la dernière valeur
est la même, et dont le rapport à la première
a l'unité pour limite, il est clair que cette substitution n'a rien pu changer aux dernières valeurs des membres de l'équation proposée,
ni à leur dernière raison.   Or cette dernière
raison étoit, par hypothèse, l'unité avant la
substitution; donc elle la sera encore après ;
donc l'équation conservera le caractère de
celles que j'ai nommées imparfaites, à moins
qu'elle ne devienne rigoureusement exacte :
ce qu'il falloit prouver.

DEUXIÈME THÉORÊME.

XXXIII.

Toute équation qui ne contient que des quantités désignées, ne peut être une équation imparfaite.

En effet, par la définition des équations imparfaites, leurs membres sont inégaux ; mais différant infiniment peu l'un de l'autre, leur rapport approche autant qu'on veut du rapport d'égalité ; donc il entre dans cette équation quelque quantité qui ne fait point partie du système des quantités proposées ; mais par l'hypothèse, au contraire, l'équation proposée ne contient que des quantités désignées. Donc elle ne peut être ce que j'ai nommé équation imparfaite : ce qu'il falloit prouver.

TROISIÈME THÉORÊME.

XXXIV.

Toute équation imparfaite à laquelle on n'aura fait subir que des transformations semblables à celle qui est indiquée dans le théorême premier, et de laquelle on sera parvenu à éliminer par ces transformations toutes les quantités non désignées, sera nécessairement et rigoureusement exacte.

Car, par le théorême premier, ce ne peut être une équation absolument fausse, et par le second, ce ne peut être une équation imparfaite ; donc elle est nécessairement et rigoureusement exacte.

COROLLAIRE.

XXXV.

Tout ce qui vient d'être dit au sujet des équations imparfaites, doit s'entendre également des proportions, propositions et raisonnemens quelconques susceptibles d'être traduits par de semblables équations.

SCHOLIE.

XXXVI.

Tels sont les principes généraux auxquels se réduit la théorie du calcul infinitésimal. On voit par ces principes que, si ayant exprimé par des équations imparfaites les conditions d'un problême, on parvient ensuite par des transformations semblables à celle qui est indiquée dans le théorême premier, on parvient, dis-je, à éliminer de ces équations toutes les quantités auxiliaires ou non-désignées, il faudra nécessairement qu'il se soit opéré dans le cours du calcul une compensation

En quoi consiste l'esprit de cette analyse.

d'erreurs; et que l'avantage de ce calcul consiste en ce que les conditions d'une question étant souvent fort difficiles à exprimer exactement et par des équations rigoureuses, tandis qu'il seroit aisé de le faire par des équations imparfaites, il donne le moyen de tirer de ces équations imparfaites les mêmes résultats et des rapports tout aussi certains que si les équations primitives eussent été véritablement de la plus parfaite exactitude, et cela par la simple élimination des quantités dont la présence occasionnoit ces erreurs.

La raison de cela est simple: qu'on ait à découvrir les relations qui existent entre plusieurs quantités proposées; s'il est difficile de trouver directement des équations qui expriment ces relations, il est naturel de recourir à quelques quantités intermédiaires qui leur servent de termes de comparaison; par ce moyen on pourra obtenir, sinon les équations mêmes cherchées, au moins d'autres équations où les quantités proposées se trouveront mêlées avec ces quantités auxiliaires; il ne sera donc plus question que d'éliminer celles-ci. Mais si en outre les valeurs de ces quantités auxiliaires sont arbitraires et peuvent être supposées aussi petites qu'on veut sans rien changer aux quantités proposées, il est aisé de sentir que si dans les équations qui expriment

les

les relations cherchées, les quantités arbitraires se trouvent mêlées avec les quantités
proposées, chacune de ces équations pourra
se décomposer en deux autres, dont l'une
ne contiendra que des quantités désignées,
et l'autre renfermera des arbitraires, à peu
près de même qu'une équation qui contient
des quantités réelles et des quantités imaginaires peut se décomposer en deux, l'une entre
quantités réelles, l'autre entre quantités imaginaires. Or, comme on n'a besoin que de
l'équation qui existe entre les quantités proposées, il est clair qu'on peut sans inconvénient, dans celles où elles se trouvent mêlées
avec les arbitraires, négliger les quantités qui
embarrassent le calcul, lorsque les erreurs
qui doivent en résulter ne peuvent tomber
que sur l'équation entre arbitraires qu'elle
renferme. Or c'est précisément ce qui arrive
dans le calcul infinitésimal, lorsqu'on traite
comme nulles, en comparaison des quantités
finies, celles que nous avons nommées infiniment petites.

Afin de rendre cette explication plus sensible encore, reprenons l'exemple traité ci-
dessus. Nous avons trouvé $(IX)_3$

$$TP + T'T = y \times \frac{MZ}{R\,Z}, \text{ et } \frac{MZ}{R\,Z} = \frac{2y + RZ}{2a - 2x - M\dot{Z}};$$

équations parfaitement exactes l'une et l'autre,

quelles que soient les valeurs de MZ et de RZ; tirant donc de la première de ces équations la valeur de $\dfrac{MZ}{RZ}$, et la substituant dans la seconde, j'ai

$$\frac{TP+T'T}{y} = \frac{cy+RZ}{2a-2x-MZ},$$

équation exacte et qui doit avoir lieu, quelle que soit la distance qu'on voudra mettre entre les lignes RS et MP.

Or, il est aisé de voir que je puis mettre cette équation sous la forme suivante:

$$\left(\frac{TP}{y}-\frac{y}{a-x}\right)+\left(\frac{T'T}{y}-\frac{yMZ+aRZ-xRZ}{(a-x)(2a-2x)-MZ}\right)=0,$$

dans laquelle le premier terme ne contient que des quantités données ou déterminées par les conditions du problême, et dont le second contient des arbitraires, et peut être supposé aussi petit qu'on veut sans rien changer aux quantités qui sont contenues dans le premier terme, puisqu'on est maître de supposer RS aussi proche qu'on veut de MP. Donc, suivant la théorie des indéterminées, chacun des termes de cette équation, pris séparément, doit être égal à zéro; c'est-à-dire, que cette équation peut se décomposer en ces deux autres:

$$\frac{TP}{y}-\frac{y}{a-x}=0, \text{ et } \frac{T'T}{y}-\frac{yMZ+aRZ-xRZ}{(a-x)(2a-2x-MZ)}=0,$$

desquelles la première ne contient que des quantités désignées, et la seconde contient des arbitraires. Mais nous n'avons besoin que de la première, puisque c'est celle qui nous donne la valeur cherchée de TP, telle que nous l'avons déjà trouvée ci-devant. Donc, quand même nous aurions commis des erreurs dans le cours du calcul, pourvû que ces erreurs ne fussent tombées que sur la dernière équation, l'exactitude du résultat cherché n'en auroit point souffert; et c'est effectivement ce qui seroit arrivé si nous eussions traité M Z, R Z et T'T comme nulles par comparaison aux quantités proposées a, x, y, dans les équations primitives; nous eussions à la vérité commis des erreurs dans l'expression des conditions du problême, mais ces erreurs se fussent détruites d'elles-mêmes par compensation, et le résultat dont nous avons besoin n'en eût été aucunement altéré.

XXXVII.

Il est aisé d'appercevoir, d'après ce qui vient d'être dit, que l'analyse infinitésimale n'est autre chose qu'une application, ou si l'on veut, une extension de la méthode des indéterminées; car, suivant cette méthode, je dis que lorsqu'on néglige une quantité infiniment petite, on ne fait, à proprement

L'analyse infinitésimale n'est autre chose qu'une application, ou si l'on veut, une extension de la méthode des indéterminées.

parler, que la *sous-entendre* et non la supposer nulle ; par exemple, lorsqu'au lieu des deux équations exactes $TP+T'T=MP\times\dfrac{MZ}{RZ}$

et $\dfrac{MZ}{RZ}=\dfrac{2y+RZ}{2a-2x-MZ}$ trouvées (IX), j'emploie les deux équations imparfaites

$TP=MP\times\dfrac{MZ}{RZ}$, et $\dfrac{MZ}{RZ}=\dfrac{y}{a-x}$; je sais fort bien que je commets une erreur et je les mets, pour ainsi dire, mentalement sous cette forme $\dfrac{MZ}{RZ}\times MP=TP+\varphi$, et $\dfrac{MZ}{RZ}=\dfrac{y}{a-x}+\varphi'$; φ et φ' étant des quantités telles qu'il les faut pour que ces équations aient lieu exactement : de même dans l'équation $\dfrac{TP}{MP}=\dfrac{y}{a-x}$, résultante des deux équations imparfaites ci-dessus, je sous-entends la quantité φ'', telle que $\left(\dfrac{TP}{MP}-\dfrac{y}{a-x}\right)+\varphi''=0$ soit une équation exàcte ; mais je reconnois bientôt que cette dernière quantité φ'' est égale à zéro, parce que si elle n'étoit pas nulle, elle ne pourroit être qu'infiniment petite, tandis qu'il n'entre aucune quantité infinitésimale dans le premier terme ; or cela est impossible, à moins que chacun de ces termes, pris séparément, ne soit égal à zéro ; d'où je conclus qu'on a exactement $\dfrac{TP}{MP} = \dfrac{y}{a-x}$; et partant, les quantités φ, φ' et φ'' ont été, non pas supprimées comme nulles, mais simplement sous-entendues pour simplifier le calcul. En effet, si X, par exemple, est une quantité arbitraire qui puisse être rendue aussi petite qu'on voudra, et qu'on ait une équation de cette forme,

$$A + BX + CX^2 + \text{etc.} = 0;$$

A, B, C, etc. étant indépendantes de X, cette équation ne peut avoir lieu sans que l'on ait $A = 0$, $B = 0$, $C = 0$, etc., c'est-à-dire, sans que chaque terme pris séparément ne soit égal à zéro, quel que soit le nombre de ces termes. Or, par la même raison, si l'on a en général une équation de cette forme, $P + Q = 0$, telle que P soit une fonction des quantités données ou déterminées par les conditions du problême, et au contraire, Q une quantité qu'on soit maître de supposer aussi petite qu'on veut, on aura nécessairement $P = 0$ et $Q = 0$; mais telle est précisément la nature de l'équation trouvée ci-dessus,

$$\left(\dfrac{TP}{y} - \dfrac{y}{a-x} \right) + \left(\dfrac{T'T}{y} - \dfrac{yMZ + aRZ - xRZ}{(a-x)(2a-2x-MZ)} \right) = 0.$$

Donc chacun des termes de cette équation, pris séparément, est égal à zéro; donc on auroit pu négliger dans le cours du calcul les

quantités T'T, MZ, RZ, qui n'entrent point
dans le premier de ces termes, sans altérer
ce premier terme ; donc l'analyse infinitésimale ne diffère de la méthode des indéterminées, qu'en ce que dans la première on
traite comme nulles, ou plutôt on sous-
entend dans le cours du calcul des quantités
qui se détruiroient toujours d'elles-mêmes
dans le résultat, si on les laissoit subsister ;
au lieu que dans la méthode des indéterminées, on attend la fin du calcul pour faire
disparoître les quantités arbitraires qui doivent être éliminées. Cette dernière méthode
pourroit donc suppléer assez facilement à l'a-
nalyse infinitésimale sans employer le secours
des équations imparfaites, et sans commettre
jamais aucune erreur dans le cours du calcul.

XXXVIII.

Il est encore un autre moyen de suppléer
à l'analyse infinitésimale par le calcul algébrique ordinaire ; c'est la méthode des limites
ou dernières raisons. Car, quoique cette
analyse soit fondée entièrement sur les propriétés des limites et dernières raisons, elle
diffère cependant de ce qu'on nomme proprement méthode des limites, en ce que
dans celle-ci on ne fait point entrer séparément dans le calcul les quantités que nous

avons nommées infinitésimales, ni même leurs rapports, mais seulement les dernières valeurs de ces rapports, lesquelles étant des grandeurs finies, font de cette méthode, moins un calcul particulier, comme je viens de le dire, qu'une simple application du calcul algébrique ordinaire.

Il s'agit donc, en se bornant à introduire dans l'algèbre ordinaire, non des quantités infinitésimales, mais les dernières raisons de ces quantités, de suppléer aux moyens que fournit l'analyse infinitésimale pour découvrir les propriétés, rapports et relations quelconques des grandeurs qui composent un système proposé, et voilà ce qu'on nomme proprement méthode des limites.

Pour en expliquer la marche et en donner l'esprit, reprenons encore l'exemple traité ci-devant.

Il est clair, par ce qui a été dit (IX), que quoique $\frac{MZ}{RZ}$ ne soit point égale à $\frac{TP}{MP}$; cependant la première de ces quantités diffère d'autant moins de la seconde, que RS est plus proche de MP, c'est-à-dire, que $\frac{MZ}{RZ} = \frac{TP}{MP}$ est une équation imparfaite; mais que (en désignant par L. l'expression de limite

Explication de la méthode des limites proprement dite.

ou de dernière valeur) L. $\dfrac{MZ}{RZ} = \dfrac{TP}{MP}$ est une équation parfaite, ou rigoureusement exacte.

De même on prouvera que L. $\dfrac{MZ}{RZ} = \dfrac{y}{a-x}$ est aussi une équation parfaite, ou rigoureusement exacte; égalant donc ces deux valeurs de L. $\dfrac{MZ}{RZ}$, il vient $\dfrac{TP}{MP} = \dfrac{y}{a-x}$, ou $TP = \dfrac{y^2}{a-x}$, comme ci-dessus. Ainsi ce ne sont plus dans ce nouveau calcul les quantités infiniment petites MZ et RZ qui y entrent séparément, ni même leur rapport $\dfrac{MZ}{RZ}$, mais seulement sa limite ou dernière valeur L. $\dfrac{MZ}{RZ}$, qui est une quantité finie.

XXXIX.

Cette méthode est plus difficile à mettre en pratique que l'analyse infinitésimale.

Si cette méthode étoit toujours aussi facile à mettre en usage que l'analyse infinitésimale ordinaire, elle pourroit paroître préférable; car elle auroit l'avantage de conduire aux mêmes résultats par une route directe et toujours lumineuse, au lieu que celle-ci ne conduit au vrai qu'après avoir fait parcourir, s'il est permis de parler ainsi, le pays des erreurs.

Mais il faut convenir que la méthode des limites est sujette à une difficulté considérable qui n'a pas lieu dans l'analyse infinitésimale ordinaire; c'est que ne pouvant y séparer, comme dans celle-ci, les quantités infiniment petites l'une de l'autre, et ces quantités se trouvant toujours liées deux à deux, on ne peut faire entrer dans les combinaisons les propriétés qui appartiennent à chacune d'elles en particulier, ni faire subir aux équations où elles se rencontrent toutes les transformations qui pourroient aider à les éliminer; et cette difficulté se fait bien moins sentir dans les opérations même du calcul, que dans les propositions et les raisonnemens qui préparent ou suppléent à ces opérations.

XL.

Il paroît, par ce que nous avons dit (II) sur l'origine que peut avoir eue l'analyse infinitésimale, que les quantités qu'on a nommées infiniment petites, ont reçu cette dénomination, parce qu'on croyoit en effet dans les commencemens qu'il falloit, pour le succès des calculs où l'on en fait usage, attribuer à ces arbitraires des valeurs qui fussent réellement moindres que tout ce qui peut tomber sous les sens et que tout ce que l'imagination peut concevoir; mais une

Origine de la dénomination attribuée aux quantités infiniment petites.

métaphysique plus réfléchie a fait voir que cela est inutile, parce que le succès du calcul vient, non de l'atténuation de ces quantités arbitraires, mais uniquement de la compensation des erreurs qu'elles occasionnent dans ce calcul.

En effet, nous avons vu dans l'exemple traité que les procédés et les résultats du calcul étoient absolument les mêmes, quelque valeur qu'on attribuât aux quantités infiniment petites MZ, RZ, et que par conséquent le caractère des quantités de cette espèce ne consiste pas dans leur petitesse réelle, mais bien plutôt dans leur indétermination absolue, c'est-à-dire, dans la propriété qu'elles ont de rester arbitraires pendant tout le calcul, et tellement indépendantes des quantités proposées, qu'on demeure toujours maître de les prendre aussi petites qu'on veut sans rien changer aux conditions du problême.

Les quantités infinitésimales, comme je l'ai déjà dit (XXIV), ne sont donc pas des êtres chimériques, mais de simples quantités variables caractérisées par la nature de leur limite, qui est o, pour les quantités infiniment petites, et $\frac{1}{o}$, pour les quantités infiniment grandes. On peut donc attribuer

successivement à des indéterminées, de même
qu'à toutes les autres quantités indéfinies,
diverses valeurs arbitraires, et parmi ces valeurs, on doit compter la dernière de toutes
qui est c pour les quantités infiniment petites, et $\frac{1}{0}$ pour les quantités infinies.

XLI.

Cette observation donne lieu de distinguer l'infini mathématique en deux espèces;
savoir, l'infini *sensible* ou *assignable*, et l'infini *absolu* ou *métaphysique*, lequel n'est autre
chose que la limite du premier.

Si donc on assigne à une quantité quelconque infiniment petite une valeur déterminée qui ne soit point o, cette valeur sera ce
que j'appelle quantité infiniment petite, *sensible* ou *assignable*, et que je désignerai aussi
par le nom d'*infiniment petite ;* au lieu que si
cette valeur est la dernière de toutes, c'est-
à-dire, si elle est absolument nulle, elle sera
alors ce que j'appelle quantité infiniment
petite *absolue* ou *métaphysique*, et que je
désignerai aussi par le nom de quantité *évanouissante.*

Ainsi, une quantité évanouissante n'est
pas ce qu'on appelle en général quantité
infiniment petite, mais seulement la dernière

Distinction de l'infini ma-thématique en infini sensible et infini ab-solu.

valeur de cette quantité; ce n'est, dis-je, qu'une valeur déterminée qu'on peut attribuer comme toute autre à cette grandeur arbitraire qu'on nomme en général infiniment petite.

XLII.

La considération de ces quantités évanouissantes seroit à peu-près inutile, si on se bornoit à les traiter dans le calcul comme des quantités simplement nulles; car elles n'offriroient plus alors que le rapport vague de o à o, qui n'est pas plus égal à 2 qu'à 3 ou à une autre quantité quelconque; mais il ne faut pas perdre de vue que ces quantités nulles ont ici des propriétés particulières comme dernières valeurs des quantités indéfiniment petites dont elles sont limites, et qu'on ne leur donne la dénomination particulière d'évanouissantes que pour avertir que de tous les rapports et relations dont elles sont susceptibles en qualité de quantités nulles, on ne veut considérer et faire entrer dans les combinaisons du calcul que celles qui leur sont assignées par la loi de continuité, lorsque l'on imagine le système des quantités auxiliaires s'approchant par degrés insensibles du système des quantités désignées: c'est ce que de grands géomètres ont

cru pouvoir exprimer en disant que les évanouissantes étoient des quantités considérées,
non avant qu'elles s'évanouissent, non aprés
qu'elles sont évanouies, mais à l'instant même
qu'elles s'évanouissent.

Dans le cas traité ci-devant, par exemple,
tant que R S ne coïncide point avec M P,
la fraction $\frac{MZ}{RZ}$ est plus grande que $\frac{TP}{y}$; ces
deux fractions ne deviennent égales qu'a
moment où MZ et RZ se réduisent à zéro :
il est vrai qu'alors $\frac{MZ}{RZ}$ est aussi bien égale
à toute autre quantité qu'à $\frac{TP}{y}$, puisque $\frac{o}{o}$
est une quantité absolument arbitraire; mais
parmi les diverses valeurs qu'on peut attri-
buer à $\frac{MZ}{RZ}$, $\frac{TP}{y}$ est la seule qui soit assujettie
à la loi de continuité et déterminée par elle;
car si l'on construisoit une courbe dont l'abscisse fût la quantité indéfiniment petite MZ,
et l'ordonnée proportionnelle à $\frac{MZ}{RZ}$, celle qui
répondroit à l'abscisse nulle, seroit repré-
sentée par $\frac{TP}{y}$, et non par une quantité arbitraire : or, c'est ce qui distingue les quantités

que je nomme évanouissantes de celles qui sont simplement nulles.

Ainsi, quoiqu'en général on ait $o = 2 \times o = 3 \times o = 4 \times o =$ etc., on ne peut pas dire d'une quantité évanouissante telle que MZ, MZ $= 2$MZ $= 3$MZ $= 4$MZ $=$ etc.; car la loi de continuité ne peut assigner entre MZ et MZ d'autre rapport que celui d'égalité, ni d'autre relation que celle d'identité.

XLIII.

Nous avons vu qu'en introduisant dans le calcul des quantités indéfiniment petites, et en les négligeant par comparaison aux quantités finies, les équations devenoient imparfaites, et que les erreurs auxquelles on donnoit lieu ne se compensoient que dans le résultat cherché. On peut maintenant éviter, si l'on veut, cette espèce d'inconvénient par le moyen des évanouissantes, qui, n'étant autre chose que les dernières valeurs des quantités indéfiniment petites correspondantes, peuvent, comme toutes autres valeurs, être attribuées à ces quantités indéfiniment petites; et qui, d'un autre côté, étant absolument nulles, peuvent se négliger, lorsqu'elles se trouvent ajoutées à quelques quantités effectives, sans que le calcul cesse d'être parfaitement rigoureux.

XLIV.

On peut donc envisager l'analyse infinitésimale sous deux points de vue différens; en considérant les quantités infiniment petites ou comme des quantités effectives, ou comme des quantités absolument nulles. Dans le premier cas, l'analyse infinitésimale n'est autre chose qu'un calcul d'erreurs compensées; et dans le second, c'est l'art de comparer des quantités évanouissantes entre elles et avec d'autres, pour tirer de ces comparaisons les rapports et relations quelconques qui existent entre des quantités proposées.

Comme égales à zéro, ces quantités évanouissantes doivent se négliger dans le calcul, lorsqu'elles se trouvent ajoutées à quelque quantité effective ou qu'elles en sont retranchées; mais elles n'en ont pas moins, comme on vient de le voir, des rapports très-intéressans à connoître, rapports qui sont déterminés par la loi de continuité à laquelle est assujetti le système des quantités auxiliaires dans son changement. Or, pour saisir aisément cette loi de continuité, il est aisé de sentir qu'on est obligé de considérer les quantités en question à quelque distance du terme où elles s'évanouissent entièrement, sinon elles n'offriroient que le rapport indéfini de zéro à zéro ; mais cette distance est arbitraire et n'a d'autre objet que de faire juger plus facilement des rapports qui existent entre ces quantités évanouissantes : ce sont ces rapports qu'on a en vue en regardant les quantités infiniment petites comme absolument nulles, et non pas ceux qui existent entre les quantités qui ne sont pas encore parvenues au terme de leur anéantissement. Celles-ci, que j'ai nommées indéfiniment petites, ne sont point destinées à entrer elles-mêmes dans le calcul envisagé sous le point de vue dont il s'agit dans ce moment, mais employées seulement pour aider l'imagination, et indiquer la loi de continuité qui détermine les rapports et les relations quelconques des quantités évanouissantes auxquelles elles répondent.

Ainsi, d'après cette hypothése, dans la proportion MZ : RZ : : TP : MP, les quantités représentés par MZ et RZ sont bien supposées absolument égales à zéro ; mais comme c'est de leur rapport qu'on a besoin, il faut pour appercevoir son égalité avec $\frac{TP}{MP}$, considérer les quantités indéfiniment petites qui répondent à ces quantités nulles, non afin de les introduire elles-mêmes dans le calcul, mais afin d'y faire entrer sous la dénomination

de

de M Z et de R Z, les quantités évanouissantes qui en sont les dernières valeurs.

XLV.

Ces expressions M Z, R Z représentent donc ici des quantités nulles, et on ne les emploie sous les formes M Z, R Z, plutôt que sous la forme commune o, que parce que si on les employoit en effet sous cette dernière forme, on ne pourroit plus distinguer, dans les opérations où elles se trouveroient mêlées, leurs diverses origines, c'est-à-dire, quelles sont les diverses quantités indéfiniment petites qui leur répondent. Or, la considération, au moins mentale, de celles-ci, est nécessaire pour saisir la loi de continuité qui détermine le rapport cherché des quantités évanouissantes qu'elles ont pour limites, et par conséquent il est essentiel de ne pas les perdre de vue et de les caractériser par des expressions qui empêchent de les confondre.

XLVI.

Les quantités évanouissantes qui font le sujet du calcul infinitésimal envisagé sous ce nouveau point de vue, sont à la vérité des êtres de raison ; mais cela n'empêche pas qu'elles n'aient des propriétés mathématiques, et qu'on ne puisse les comparer tout

M

aussi bien qu'on compare des quantités imaginaires qui n'existent pas davantage; car il
est tout aussi vrai de dire, par exemple, que

$$60 = 20 + 40 \text{ que } \sqrt{-a} = \sqrt{-b} \times \sqrt{\frac{a}{b}}.$$

Or, personne ne révoque en doute l'exactitude des résultats qu'on obtient par le calcul
des imaginaires, quoiqu'elles ne soient que
des formes algébriques et des hiéroglyphes
de quantités absurdes; à plus forte raison ne
peut-on donner l'exclusion aux quantités évanouissantes qui sont au moins des limites de
quantités effectives, et touchent pour ainsi
dire à l'existence. Qu'importe en effet que
ces quantités soient ou non des êtres chimériques, si leurs rapports ne le sont pas, et
que ces rapports soient la seule chose qui nous
intéresse? On est donc entièrement maître,
en soumettant au calcul les quantités que nous
avons nommées infinitésimales, de regarder
ces quantités comme des quantités effectives,
ou comme absolument nulles; et la différence
qui se trouve entre ces deux manières d'envisager la question, consiste en ce que regardant ces quantités comme nulles, les propositions, équations et résultats quelconques,
sont toujours exacts et rigoureux, mais se
rapportent à des quantités qui sont des êtres
de raison, et expriment des relations qui

existent entre quantités qui n'existent pas elles-
mêmes : au lieu qu'en regardant les quantités
infiniment petites comme quelque chose d'effectif, les propositions, équations et résultats
quelconques ont bien pour sujet de véritables quantités ; mais ces propositions, équations et résultats sont faux, ou plutôt ils sont
imparfaits, et ne deviennent exacts à la fin
que par la compensation de leurs erreurs,
compensation cependant qui est une suite nécessaire et infaillible des opérations du calcul.

XLVII.

La métaphysique qui vient d'être exposée
fournit aisément des réponses à toutes les objections qui ont été faites contre l'analyse infinitésimale dont plusieurs géomètres ont cru
le principe fautif et capable d'induire en erreur ; mais ils ont été accablés, si l'on peut
s'exprimer ainsi, par la multitude des prodiges, et par l'éclat des vérités qui sortoient en
foule de ce principe.

Ces objections peuvent se réduire à celle-
ci : ou les quantités qu'on nomme infiniment
petites sont absolument nulles, ou non ; car
il est ridicule de supposer qu'il existe des êtres
qui tiennent le milieu entre la quantité et le
zéro. Or, si elles sont absolument nulles,
leur comparaison ne mène à rien, puisque le

rapport de o à o n'est pas plus *a* que *b*, ou toute autre quantité quelconque ; et si elles sont des quantités effectives, on ne peut sans erreur les traiter comme nulles, ainsi que le prescrivent les règles de l'analyse infinitésimale.

La réponse est simple : bien loin de ne pouvoir en effet considérer les quantités infiniment petites, ni comme quelque chose de réel, ni comme rien, on peut dire au contraire qu'on peut à volonté les regarder comme nulles ou comme de véritables quantités; car ceux qui voudront les regarder comme nulles, peuvent répondre que ce qu'ils nomment quantités infiniment petites ne sont point des quantités nulles quelconques, mais des quantités nulles assignées par une loi de continuité qui en détermine la relation; que parmi tous les rapports dont ces quantités sont susceptibles comme zéro, ils ne considèrent que ceux qui sont déterminés par cette loi de continuité; et qu'enfin ces rapports ne sont point vagues et arbitraires, puisque cette loi de continuité n'assigne point, par exemple, plusieurs rapports différens aux différentielles de l'abscisse et de l'ordonnée d'une courbe lorsque ces différentielles s'évanouissent, mais un seul, qui est celui de la sous-tangente à l'ordonnée. D'un autre côté, ceux qui regardent les quantités infiniment petites comme de véritables quantités, peuvent répondre que ce qu'ils appellent infiniment petit n'est qu'une grandeur arbitraire et indépendante des quantités proposées; que dès-lors, sans la supposer nulle, on peut cependant la traiter comme telle sans qu'il s'ensuive aucune erreur dans le résultat, puisque cette erreur, si elle avoit lieu, seroit arbitraire comme la quantité qui l'auroit occasionnée. Or, il est évident qu'une pareille erreur ne peut exister qu'entre des quantités dont quelqu'une au moins soit arbitraire. Donc lorsqu'on est parvenu à un résultat qui n'en contient plus, et qui exprime une relation quelconque entre les quantités données et celles qui sont déterminées par les conditions du problême, on peut assurer que ce résultat est exact, et que par conséquent les erreurs qui auroient dû être commises en exprimant ces conditions ont pu se compenser et disparoître par une suite nécessaire et infaillible des opérations du calcul.

XLVIII.

D'autres géomètres, embarrassés apparemment par l'objection qu'on vient de discuter, se sont attachés simplement à prouver que la méthode des limites dont les procédés sont rigoureusement exacts dans tous les points, devoit nécessairement conduire aux mêmes résultats que l'analyse infinitésimale. Mais en convenant que le principe de cette méthode est très-lumineux, on ne peut se dissimuler qu'ils ne font qu'éluder la difficulté sans la résoudre ; que la méthode des limites ne mène aux résultats de l'analyse infinitésimale que par une route difficile et détournée ; et qu'enfin cette méthode, loin d'être la même que celle du calcul de l'infini, n'est au contraire que l'art de s'en passer et d'y suppléer par le calcul algébrique ordinaire : en quoi l'on réussiroit d'une manière plus simple, à ce qu'il me semble, par la méthode des indéterminées. Mais pourquoi adopteroit-on l'une de ces méthodes à l'exclusion des autres, puisqu'elles peuvent se prêter un secours mutuel? Employons donc tout ensemble, et l'analyse infinitésimale proprement dite, et la méthode des limites, et celle des indéterminées, suivant que les circonstances l'indiquent, et ne négligeons aucun des moyens qui peuvent nous conduire à la connoissance de la vérité, ou en simplifier la recherche.

Il me reste à montrer par quelques exemples l'application des principes généraux que je viens d'expliquer ; et c'est ce que je vais faire en donnant une idée des calculs différentiel et intégral, lesquels sont, à proprement

parler, l'analyse infinitésimale elle-même réduite en pratique.

XLIX.

Si l'on attribue successivement à une même
quantité variable deux valeurs infiniment peu
différentes l'une de l'autre, la différence de la
seconde de ces deux valeurs à la première sera nommée *différentielle* de cette première
valeur.

Principes du
calculs diffé-
rentiel et la-
tégral.

Soit, par exemple, A M N (*Fig.* 2) une
courbe relativement à laquelle on ait une
question quelconque à résoudre, et telle que
l'ordonnée M P soit une des quantités désignées par cette question. Je suppose de plus
que pour faciliter la solution, l'on mène parallélement à M P et à une distance arbitraire de cette ordonnée, une ligne auxiliaire
N Q, et qu'ensuite cette ligne se rapproche
continuellement de M P jusqu'à ce qu'elle
coïncide avec elle ; la ligne NO, ou NQ—MP
sera donc (XIX) une quantité infiniment petite. Or comme elle est la différence des deux
valeurs N Q, M P, attribuées successivement
à l'ordonnée, on est convenu de la désigner
dans le discours par l'expression diminutive
de différentielle de la variable M P, et de la
représenter dans le calcul par cette même
variable précédée de la caractéristique *d:*

ainsi, en nommant y l'ordonnée M P, dy signifiera la même chose que différentielle de M P.

Mais supposer, comme nous l'avons fait, que NQ s'approche perpétuellement de M P, c'est supposer que AQ s'approche aussi perpétuellement de AP ; car la première de ces deux suppositions entraîne nécessairement la seconde ; donc en nommant x l'abscisse AP, PQ ou MO sera la différentielle de x, et l'on aura MO $= dx$ en même temps que NO $= dy$.

Si l'on suppose de plus NQ $= y'$ et AQ $= x'$, on aura $y' = y + dy$ et $x' = x + dx$; c'est-à-dire, que les différentielles dy et dx ne sont autre chose que les accroissemens des variables correspondantes y et x, ou les quantités dont elles augmentent lorsqu'elles deviennent y' et x'.

L.

Maintenant soit attribuée à l'ordonnée une nouvelle valeur RS, telle que PQ et QS diffèrent infiniment peu l'une de l'autre, ou aient pour dernière raison une raison d'égalité ; pour que cela soit, il faut évidemment, puisque NQ par la première hypothèse est déjà supposée s'approcher perpétuellement de MP, il faut, dis-je, que RS s'approche aussi perpétuellement de la même ligne MP,

de manière qu'elle finisse comme NQ par
coïncider avec elle ; autrement il est clair que
le rapport de QS à PQ, lequel doit par hypothèse s'approcher sans cesse de l'unité, s'en
éloigneroit : ainsi les rapports de NQ à MP,
de RS à MP, de RS à NQ et de QS à PQ,
auront tous pour limite le rapport d'égalité.
Il est visible de plus qu'à cause de la loi de
continuité, le rapport de RZ à NO sera dans
le même cas. Donc, suivant la notion générale que nous venons de donner ci-dessus des
quantités différentielles, QS doit être la différentielle de AQ, RZ celle de NQ, QS—PQ
ou NZ—MO celle de PQ, et enfin RZ—NO
celle de NO ; de même que NO ou NQ—MP
est celle de MP. Donc, conformément à la
convention faite au sujet de la manière d'exprimer les différentielles dans le calcul, nous
devons avoir $QS = dx'$, $RZ = dy'$,
$QS—PQ=d(MO)$, $RZ—NO=d(NO)$.
Mais nous avons déjà trouvé $MO = dx$,
$NO = dy$; donc $QS — NQ = ddx$,
$RZ — NO = ddy$; c'est-à-dire, que les
quantités ddx et ddy (qu'on écrit aussi de
cette manière d^2x, d^2y) seront les différentielles des différentielles de x et y, et c'est ce
que, pour abréger, on nomme encore *différences secondes* ou *différentielles du second ordre* ; c'est-à-dire, que ddx est la différentielle

du second ordre ou la différence seconde
de x, et ddy celle de y.

Or, puisque QS et PQ sont supposées
infiniment peu différentes l'une de l'autre,
leur différence ddx est infiniment petite relativement à chacune d'elles (XXVIII). Donc
les différences du second ordre sont infiniment petites relativement aux différentielles
premières ou du premier ordre. (*)

LI.

On peut différentier pareillement à leur
tour les différentielles du second ordre, et
de cette *différentiation* résulteront les différentielles du troisième ordre; de la différentiation de celle-ci résulteront celles du quatrième ordre, et ainsi de suite : de manière

---

(*) Si au lieu de mener la nouvelle ligne auxiliaire
RS de manière que les lignes QS et PQ diffèrent
infiniment peu l'une de l'autre, on la mène
telle que QS soit précisément égale à PQ, c'est-
à-dire, telle que AP, AQ, AS soient en progression arithmétique, on aura $ddx = o$, ou dx
constant : ainsi on peut supposer l'une des différentielles constante; mais de ce que AP, AQ,
AS sont en progression arithmétique, il ne s'ensuit pas que MP, NQ, RS, y soient aussi, à
moins que la ligne A M N ne soit droite: ainsi,
de ce que ddx seroit supposée égale à zéro, il
ne s'ensuivroit pas que l'on eût aussi $ddy = o$.

que *dddy*, ou *d³y*, sera la différence troisième
de *y*; *ddddy*, ou *d⁴y*, la différentielle du
quatrième ordre, etc. Or, d'après ce que
nous venons de dire sur la génération des différentielles du premier et du second ordre,
il est aisé de comprendre comment doit se
faire celle des ordres supérieurs; ainsi je ne
m'y arrêterai pas; je dirai seulement que c'est
en attribuant pour chaque nouvel ordre une
nouvelle valeur auxiliaire à chacune des variables, telle que, non-seulement chacune de
ces nouvelles valeurs diffère infiniment peu
de celle qui la précède, mais que la même
chose ait lieu entre leurs différentielles, les
différentielles de leurs différentielles, et ainsi
de suite.

LII.

Différentier une quantité, c'est assigner
sa différentielle; c'est-à-dire, que si X, par
exemple, est une fonction quelconque de x,
la différentier ce sera assigner la quantité dont
cette fonction augmentera en supposant que
x augmente de dx.

Intégrer ou sommer une différentielle, au
contraire, c'est revenir de cette différentielle
à la quantité qui l'a produite par sa différentiation, et cette dernière quantité s'appelle
intégrale ou *somme* de la différentielle proposée: ainsi x, par exemple, est l'intégrale

en la somme de dx, et intégrer ou sommer dx n'est autre chose qu'assigner cette quantité x qui en est la somme ou l'intégrale.

Nous avons vu que la différentielle d'une quantité s'exprime dans le calcul par cette même quantité précédée de la caractéristique d; réciproquement, on est convenu d'exprimer l'intégrale ou la somme d'une différentielle quelconque par cette même différentielle précédée de la caractéristique $\int$; c'est-à-dire, que $\int dx$, par exemple, signifie la même chose que somme de dx; ainsi l'on a évidemment $x = \int dx$.

LIII.

On nomme *calculs différentiel et intégral* l'art de trouver les rapports et relations quelconques qui existent entre des quantités proposées, par le secours de leurs différentielles. Le nom de *calcul différentiel* s'appliquant proprement à l'art de rechercher les rapports ou relations des quantités différentielles et de les éliminer ensuite par les règles ordinaires de l'algèbre, et celui de *calcul intégral* à l'art d'intégrer ou d'éliminer ces mêmes quantités différentielles par les procédés qui enseignent à revenir d'une différentielle à son intégrale.

Mon but ici n'est point d'écrire un traité de ces calculs; mais seulement d'en indiquer

les règles fondamentales , et de montrer que
ces règles ne sont autre chose qu'une application des principes généraux qui viennent d'ê-
tre exposés.

LIV.

Proposons-nous donc d'abord d'assigner
la différentielle de la somme $x + y + z +$ etc.
de plusieurs variables.

Par hypothèse x devient $x + dx$, y devient
$y + dy$, etc. Donc la somme proposée devient
$x + dx + y + dy + z + dz +$ etc.; donc elle augmente de $dx + dy + dz +$ etc., et cette augmentation est précisément ce que nous avons appelé différentielle.

LV.

On demande maintenant la différentielle
de $a + b + c +$ etc. $+ x + y + z +$ etc. : a, b, c,
etc. étant des constantes , et x, y, z, etc.
des variables.

Par hypothèse, a reste a, b reste b, c reste c, etc., x devient $x + dx$, y devient $y + dy$,
etc. Donc la somme proposée devient $a + b + c$,
etc. $+ x + dx +$ etc.; donc elle augmente de
$dx + dy + dz +$ etc. et cette augmentation est
la différentielle cherchée; donc cette différentielle est la même que s'il n'y avoit point de
constantes dans la somme proposée.

On demande la différentielle de ax.

Par hypothèse, a reste a, et x devient $x + dx$. Donc ax devient $ax + adx$; donc il augmente de adx, et cette augmentation est la différentielle cherchée.

LVI.

On demande la différentielle de xy.

On voit par ce qui précède qu'elle est $ydx + ydy + dxdy$, c'est-à-dire, qu'on a $d.xy = ydx + xdy + dxdy$.

Mais j'observe, à l'égard de cette équation, que dx et dy étant infiniment petits relativement à x et y, le dernier terme $dxdy$ est lui-même infiniment petit relativement à chacun des autres, c'est-à-dire, que le quotient de ce dernier terme par chacun des autres est une quantité infiniment petite. Donc si on le néglige dans l'équation précédente, qui deviendra pour lors $d.xy = xdy + ydx$, cette équation sera ce que j'ai nommé une équation imparfaite. Mais puisque les équations imparfaites peuvent (XXXI, XXXIV) s'employer comme des équations rigoureuses, sans qu'il s'ensuive aucune erreur dans le résultat cherché, il est évident que je puis faire usage de cette dernière équation au lieu de la première ; et comme elle est plus simple,

j'abrégerai et je faciliterai dans l'occasion par
son secours les opérations de mon calcul.

Je dirai donc que la différentielle d'une
quantité qui est le produit de deux variables
est égale au produit de la première variable,
par la différentielle de la seconde, plus à celui de la seconde variable par la différentielle
de la première ; et cette proposition sera de
celles que j'ai nommées (XXXV) propositions
imparfaites, c'est-à-dire, susceptibles d'être
traduites par une équation imparfaite, et ne
pouvant comme elle, conduire qu'à des résultats rigoureusement exacts. (*)

(*) Si de l'équation imparfaite $d.xy = x\,dy + y\,dx$,
je voulois tirer une équation rigoureuse, je le
pourrois d'abord en restituant au second membre
le terme de $dx\,dy$ qui lui manque ; mais je le
pourrois aussi de la manière suivante : je divi-
serois tout par dy, par exemple, et j'aurois la
nouvelle équation imparfaite $\frac{d.xy}{dy} = y\frac{dx}{dy} + x$;
et comme (XIX) une quantité auxiliaire diffère
infiniment peu de sa limite, je puis, dans l'é-
quation précédente, mettre $lim. \left(\frac{d.xy}{dy}\right)$ à la place
de $\frac{d.xy}{dy}$ et $lim. \left(\frac{dx}{dy}\right)$ à la place de $\frac{dx}{dy}$, sans
que l'équation cesse d'être imparfaite (XXXII).
Or elle devient alors $lim. \left(\frac{d.xy}{dy}\right) = y \times lim. \left(\frac{dx}{dy}\right)$
$+ x$; mais toute limite est par la définition même

LVII.

On trouvera par les mêmes procédés que ci-dessus, qu'on a l'équation imparfaite $d.xyz = xy\,dz + xz\,dy + yz\,dx$.

On trouvera de même l'équation imparfaite $d.\dfrac{x}{y} = \dfrac{y\,dx - x\,dy}{yy}$.

On trouvera de même l'équation imparfaite $d.x^m = mx^{m-1}\,dx$, etc.

LVIII.

Telles sont les principales règles du calcul différentiel ; passons maintenant à celles du calcul intégral qui est la méthode inverse.

1°. Puisque la différentielle de x est dx, l'intégrale de dx sera x ; c'est-à-dire, qu'on aura $\int dx = x$. Mais comme la différentielle de $a+x$ est également xdx (LV), il s'ensuit que

---

(XVII) une quantité désignée. Donc, quoique dx et dy soient auxiliaires, $lim. \left(\dfrac{d.xy}{dy}\right)$ et $lim. \left(\dfrac{dx}{dy}\right)$ sont des quantités désignées ; donc tous les termes de l'équation précédente $lim. \left(\dfrac{d.xy}{dy}\right) = y \times lim. \left(\dfrac{dx}{dy}\right) + x$, sont des quantités désignées ; donc (XXXIV) cette équation est nécessairement et rigoureusement encore.

que l'intégrale de dx est aussi bien $a+x$ que x seul, et qu'en général chaque différentielle a autant d'intégrales diverses qu'on veut lui en donner; mais que toutes ces intégrales ne diffèrent que d'une quantité constante. Il suffit donc d'en déterminer une quelconque, et d'y ajouter une constante arbitraire pour représenter toutes les autres : c'est-à-dire, que toutes les intégrales possibles de dx seront représentées par $x+$A, A étant une constante arbitraire.

2°. Puisque la différentielle de $x+y+z+$etc. est $dx+dy+dz+$ etc., l'intégrale de cette différentielle sera $x+y+z+$ etc. $+$A, A étant une constante arbitraire.

3°. La différentielle de xy étant $x\,dy+y\,dx$ (LVI) aussi bien que celle de $xy+$A, l'intégrale de $x\,dy+y\,dx$ sera réciproquement $xy+$A, A étant une constante arbitraire.

4°. On trouvera de même que l'intégrale de $\dfrac{y\,dx - x\,dy}{yy}$ est $\dfrac{x}{y}+$A.

5°. On trouvera de même que l'intégrale de $mx^{m-1}\,dx$ est x^m+A, etc.

Telles sont les principales règles du calcul intégral; il nous reste à montrer par quelques exemples particuliers l'application de ces règles et de celles du calcul différentiel : c'est ce que nous allons faire le plus succinctement qu'il nous sera possible.

PREMIER PROBLÊME.

LIX.

Application des principes généraux à quelques exemples.

Étant donnée une courbe elliptique AMB (*Fig.* 3.), trouver la sous-tangente TP qui répond à un point quelconque donné, M, de cette courbe.

Que AB soit le grand axe de la courbe : nommons a la moitié de ce grand axe, b le demi petit axe, x l'abscisse AP, et y l'ordonnée PM; nous aurons donc $yy = \dfrac{bb}{aa}(2ax - xx)$.

Cela posé, soit menée une nouvelle ordonnée NQ infiniment proche de MP, c'est-à-dire, que cette ligne auxiliaire NQ soit d'abord menée à une distance quelconque arbitraire de MP, et qu'ensuite elle soit imaginée s'en rapprocher continuellement, de sorte que leur dernière raison soit une raison d'égalité; les lignes MO, NO seront donc (XLIX) les différentielles respectives de x et y. Or les triangles semblables TPM, MZO donnent $\dfrac{TP}{MP} = \dfrac{MO}{ZO} = \dfrac{MO}{NO + ZN}$. Mais il est évident que plus NQ s'approche de MP, plus ZN diminue relativement à NO, et que leur dernière raison est o. Donc ZN est infiniment petite relativement à NO ; donc $\frac{TP}{MP} = \frac{MO}{NO}$ est une équation imparfaite (XXXI) ; c'est-à-dire, que $\frac{TP}{y} = \frac{dx}{dy}$ est une équation imparfaite.

D'un autre côté, l'équation de la courbe étant $yy = \frac{bb}{aa}(2ax - xx)$, nous aurons, en la différentiant, cette autre équation imparfaite $y\,dy = \frac{bb}{aa}(a\,dx - x\,dx)$; substituant donc dans cette dernière la valeur de dx tirée de la première, et réduisant, nous aurons $TP = \frac{aa}{bb} \times \frac{yy}{a-x}$; équation qui, ne renfermant plus de quantités infinitésimales, est nécessairement et rigoureusement exacte (XXXIV).

LX.

Autre solution. Considérons la courbe proposée comme un polygone d'une infinité de côtés ; c'est-à-dire, prenons à la place de la courbe proposée un polygone d'un nombre quelconque de côtés, et supposons ensuite que ce nombre de côtés augmente perpétuellement, de manière que la dernière relation de ce polygone avec la courbe soit une relation d'identité. Comme il est absolument impossible que la courbe puisse être exactement considérée comme un polygone, les équations par lesquelles j'exprimerai les conditions du problême en partant de cette hypothèse ne seront point exactes; mais puisque le polygone est supposé s'approcher sans cesse de la courbe, les erreurs qui pourront se trouver dans ces équations s'atténueront autant qu'on le voudra, et partant, ces mêmes équations seront de celles que j'ai nommées imparfaites.

Ainsi les triangles T'MP, MNO me donnent l'équation $\dfrac{T'P}{MP} = \dfrac{MO}{NO}$; substituant TP à T'P qui en diffère infiniment peu, on aura cette équation imparfaite, $\dfrac{TP}{MP} = \dfrac{MO}{NO}$ ou $\dfrac{TP}{y} = \dfrac{dx}{dy}$, la même que celle qui a été trouvée ci-dessus, et qui, combinée avec celle de la courbe, me donnera le même résultat.

LXI.

On peut encore, si l'on veut, appliquer à cette question la méthode des indéterminées sans rien changer au procédé du calcul. En effet, après avoir trouvé les deux équations imparfaites $\frac{TP}{y} = \frac{dx}{dy}$ et $2\,y\,dy = \frac{bb}{aa}$

$(2\,a\,dx - 2\,x\,dx)$, j'ajoute mentalement à l'un des membres de la première, pour la rendre rigoureusement exacte, une quantité φ; j'introduis pareillement dans la seconde une quantité φ' qui la rende de même rigoureusement exacte : les quantités sous-entendues φ et φ' sont donc infiniment petites relativement à celles auxquelles on les ajoute mentalement. Cela posé, je compare les deux équations précédentes sans avoir égard à ces quantités φ et φ'; l'équation $TP = \frac{aa}{bb}\frac{yy}{a-x}$

qui en résultera, pouvant n'être pas exacte, j'y ajoute encore mentalement une quantité φ'' qui la rende telle. Mais comme cette quantité φ'' ne peut qu'être infiniment petite, je reconnois bientôt qu'elle est absolument nulle, parce que les autres termes de l'équation ne renferment plus de quantités infinitésimales; car en faisant passer tous les termes dans un seul membre, l'équation qui sera alors $\left(TP - \frac{bb}{aa}\frac{yy}{a-x}\right) + \varphi'' = 0$, ne pourra avoir lieu suivant la méthode des indéterminées, sans que chacun de ses termes en particulier ne soit égal à zéro : donc $\varphi'' = 0$,

et $TP = \frac{bb}{aa}\frac{yy}{a-x}$, comme ci-dessus.

LXII.

En général, il est clair d'après ce qui vient d'être dit, que si l'on nomme P la sous-tangente d'une courbe quelconque, on aura l'équation imparfaite $P = y \dfrac{dx}{dy}$; donc (XXXIV) on aura l'équation rigoureusement exacte $P = y \times lim. \left(\dfrac{dx}{dy} \right)$.

Si l'on nomme Q l'angle compris entre la tangente de la courbe en un point quelconque et l'ordonnée correspondante, on aura évidemment, $tang.\ Q = \dfrac{P}{y}$ et $cot.\ Q = \dfrac{y}{P}$; donc on aura les équations imparfaites, $tang.\ Q = \dfrac{dx}{dy}$ et $cot.\ Q = \dfrac{dy}{dx}$, ou les équations rigoureuses, $tang.\ Q = lim. \left(\dfrac{dx}{dy} \right)$ et $cot.\ Q = lim. \left(\dfrac{dy}{dx} \right)$.

SECOND PROBLÈME.

LXIII.

On demande la valeur qu'il faut attribuer à x pour que la fonction $\sqrt{2ax - xx}$ soit un *maximum*, c'est-à-dire plus grande que si l'on attribuoit à x une autre valeur quelconque.

Soit $\sqrt{2ax - xx} = y$ ou $yy = 2ax - xx$, et construisons une courbe dont l'abscisse soit x et l'ordonnée y, la question sera donc de trouver la plus grande ordonnée de cette courbe. Soit A M B (*Fig.* 4.) cette courbe et M P sa plus grande ordonnée : cela posé, puisqu'à compter du point M les autres ordonnées décroissent, soit du côté de A, soit du côté de B, il est clair que la tangente de la courbe au point M doit être parallèle à A B. Donc en nommant, comme ci-dessus, Q l'angle formé par la tangente de la courbe et l'ordonnée, on aura au point M, *cot.* Q = 0, ou (LXII) *lim.* $\left(\dfrac{dy}{dx}\right) = 0$. Je différentie donc l'équation de la courbe, et j'ai l'équation imparfaite $y\,dy = a\,dx - x\,dx$ ou $\dfrac{dy}{dx} = \dfrac{a-x}{y}$;

donc j'ai l'équation rigoureuse *lim.* $\left(\dfrac{dy}{dx}\right) = \dfrac{a-x}{y}$

ou *cot.* Q $= \dfrac{a-x}{y}$. Or on doit avoir *cot.* Q = 0;

donc $\dfrac{a-x}{y} = 0$, ou enfin $a = x$, ce qu'il falloit trouver.

LXIV.

Le procédé à suivre pour trouver la plus grande ordonnée d'une courbe quelconque, est donc de différentier l'équation, d'en tirer la valeur de *lim.* $\left(\frac{dy}{dx}\right)$, et de l'égaler à zéro.

On énonce communément cette règle en disant simplement qu'il faut différentier *y* et égaler *dy* à zéro ; mais si cet énoncé est plus court, il est aussi moins exact.

TROISIÈME PROBLÈME.

LXV.

Une courbe proposée ayant un point d'inflexion, déterminer l'abscisse ou l'ordonnée qui lui répond.

Soit ABMN (*Fig.* 5.) la courbe proposée ; que AP soit l'abscisse, et MP l'ordonnée correspondante au point d'inflexion cherché M ; soit menée une tangente MK à ce point d'inflexion ; il est visible que l'angle KMP est un *minimum*, c'est-à-dire, moindre que l'angle LNQ formé par une autre tangente quelconque NL et l'ordonnée correspondante NQ ; donc la tangente de l'angle KMP est aussi un *minimum*, et sa cotangente un *maximum* ; mais cette cotangente est en général (LXII)

$lim. \left(\frac{dy}{dx}\right)$: donc on doit avoir (LXIII)

$lim. \left(\frac{d.\ lim.\ \left(\frac{dy}{dx}\right)}{dx}\right) = 0$, ce qu'il falloit trouver.

Soit, par exemple, $b^2 y = a x^2 - x^3$ l'équation de la courbe proposée, je différen- tie, et j'ai l'équation imparfaite $b^2 dy = 2ax\ dx - 3 x^2\ dx$, ou l'équation rigoureuse $lim. \left(\frac{dy}{dx}\right) = \frac{2ax - 3x^2}{b^2}$, il faut donc que $\frac{2ax - 3x^2}{b^2}$ soit un *maximum*, ou que $lim.\left(\frac{d(2ax - 3x^2)}{dx}\right) = 0$; c'est-à-dire, qu'on doit avoir $2a - 6x = 0$, ou $x = \frac{1}{3}a$.

QUATRIÈME PROBLÊME.

LXVI.

Trouver la surface d'un segment para- bolique.

Soit AMP ce segment (*Fig.* 6.); si nous supposons que l'abscisse AP augmente d'une quantité infiniment petite PQ, ce segment augmentera en même tems de la quantité MNPQ; c'est-à-dire, que PQ étant supposée la différentielle de x, MNPQ sera la différen- tielle du segment cherché. Donc réciproque- ment le segment cherché est l'intégrale de

MNPQ, c'est-à-dire, qu'on a AMP$=\int$(MN PQ); mais si l'on abaisse MO perpendiculairement à NQ, il est évident que la dernière raison de l'espace MNO à l'espace MOPQ est o; donc le premier de ces espaces est infiniment petit à l'égard du second; donc on a l'équation imparfaite MNPQ$=$MOPQ. Substituant donc la seconde de ces quantités à la première, dans l'équation exacte $\mathbf{AMP}=\int$ $(\mathbf{MNPQ})$, on aura l'équation imparfaite AMP$=\int$(MOPQ), ou AMP$=\int y\,dx$; mais l'équation de la courbe est, en nommant P son paramètre, $yy=Px$, d'où l'on tire l'équation imparfaite $dx=\dfrac{2y\,dy}{P}$; en mettant donc pour dx, dans la première de ces équations imparfaites, sa valeur tirée de la seconde, on aura cette nouvelle équation imparfaite AMP$=\int\dfrac{2y^2\,dy}{P}$. Mais (LVIII) on a $\int\dfrac{2y^2\,dy}{P}$ $=\dfrac{2}{3}\dfrac{y^3}{P}$; donc AMP$=\dfrac{2}{3}\dfrac{y^3}{P}$, équation qui, ne contenant plus que des quantités désignées, ne peut être que rigoureusement exacte: ce qu'il falloit trouver.

La même méthode s'applique évidemment à la quadrature de toute autre courbe, et par des raisonnemens analogues, il est aisé de l'étendre à leur rectification et à la recherche des solides quelconques.

LXVIII.

Ce petit nombre d'exemples doit suffire Conclusion. pour faire comprendre quel est l'esprit de l'analyse infinitésimale. En vain des adversaires diront-ils que c'est ruiner la certitude des mathématiques que d'y admettre des erreurs, comme on le fait, en employant des équations imparfaites; ces erreurs peuvent-elles avoir des conséquences dangereuses, puisqu'on a des moyens infaillibles pour les faire disparoître, et des signes certains pour connoître lorsqu'elles ont disparu? Renoncera-t-on aux avantages immenses que procure ce calcul, de peur de s'écarter un instant des procédés rigoureux de la géométrie élémentaire, ou préférera-t-on à la route unie et facile par laquelle cette analyse nous mêne aux découvertes, un sentier épineux où il est si difficile de ne point s'égarer? Tel est celui qu'offre la méthode des limites lorsqu'on veut l'employer exclusivement. Car ceux qui veulent proscrire la notion des quantités infinitésimales sont réduits, ou à la suppléer par l'algèbre commune, ce qui présente des difficultés sans nombre, ou à se servir continuellement des noms d'infini et d'infiniment petit en même tems qu'ils les dénigrent, si l'on peut s'exprimer ainsi, et

qu'ils traitent de chimère l'existence des choses mêmes dont ils sont les hiéroglyphes.
On n'emploie, dit-on, ces termes que figurément ; mais je demande si un langage
figuré· et abstrus est celui qui convient à la
simplicité des mathématiques, et sur-tout à
cette rigueur dont on veut s'étayer pour condamner la théorie.de l'infini. Ces deux méthodes ne reviennent-elles pas au même,
ou plutôt ne sont-elles pas la même méthode
employée diversement? En un mot, ne sontce pas toujours les mêmes idées à rendre, les
mêmes relations à exprimer? Pourquoi donc
ne pas rendre ces idées, ne pas exprimer
ces relations de la manière la plus claire et
la plus simple?

F I N.

TABLE DES MATIÈRES

CONTENUES DANS CE VOLUME.

II. RÉFLEXIONS SUR LA MÉTAPHYSIQUE DU CALCUL INFINITÉSIMAL.

(208)

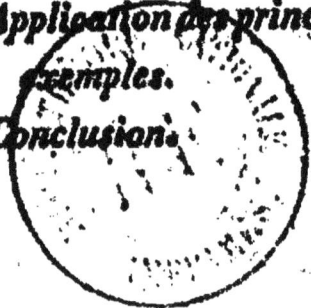

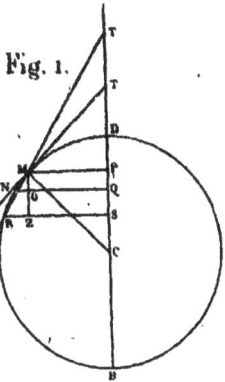

Fig. 1.

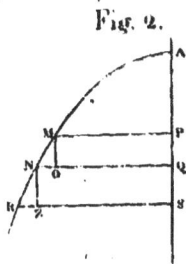

Fig. 2.

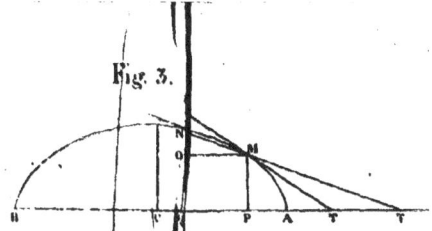

Fig. 3.

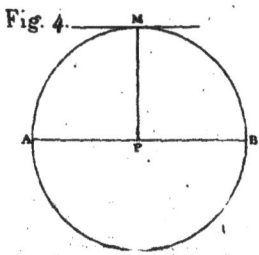

Fig. 4.

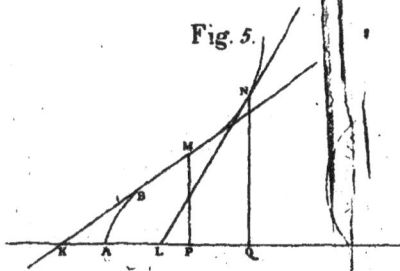

Fig. 5.

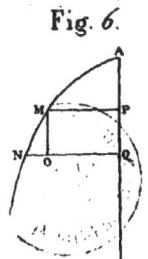

Fig. 6.

Pagination incorrecte — date incorrecte

NF Z 43-120-12

www.ingramcontent.com/pod-product-compliance
Lightning Source LLC
Chambersburg PA
CBHW070508200326
41519CB00013B/2749